LEADER HABIT

MASTER THE SKILLS YOU NEED TO LEAD
IN JUST MINUTES A DAY

領導者習慣

每天刻意練習5分鐘，建立你的關鍵習慣，
學會22種領導核心技能

Martin Lanik
馬丁・拉尼克
王新玲——譯

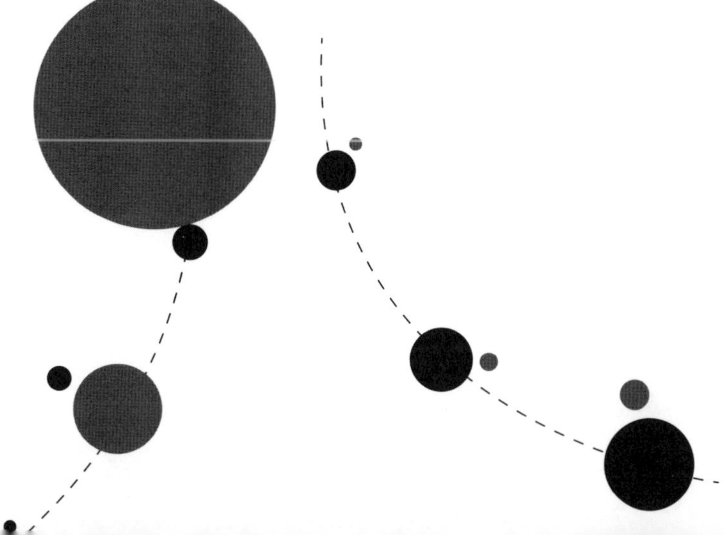

每一位想透過閱讀本書提高領導才能的人，
請相信它可以做到，只要你把它付諸實踐。

目錄

Part 3

技能發展練習

第七章　專注於人／191

Part 4 鼓勵他人發展新技能

序

蘿拉的故事

蘿拉是一家醫院的急診室護士，這家醫院曾請我來為他們的員工提供領導力培訓，蘿拉一直認為自己是一位優秀的領導者。作為急診室裡最佳的護士，她為自己能引導病人改善健康狀況感到很自豪，也為自己在同事間常展現出的非正式領導能力感到驕傲。她相信自己會成為一名優秀的護士管理人員，認為自己肯定比之前遇到過的那些軍事化獨裁式的管理人做得更好。但是，蘿拉一直沒通過管理職的晉升，這讓她很沮喪，因為似乎沒有人認為她是一名領導者。她準備藉由參加「領導力發展」的專案，來證明自己已經足以成為一名管理者，這看起來似乎是個不錯的證明方式，因此，她報名參加了我的課程。她不確定她究竟會學到多少——畢竟是企業培訓——但她認為，這些憑證會幫助她最終獲得晉升。如果晉升不成功，她打算退出護理行業，去做一名房地產經紀人。

然而，蘿拉沒有意識到的是，她其實早就成為一個自己所討厭的軍事化獨裁式的管理者。她的同事們認為她好爭辯，愛挖苦人，總是以自己的議程為優先，對別人的意見不屑一顧，不善於傾聽，情緒不穩定，很難打交道——至少，她稱不上是一個高效的領導者。

蘿拉並非有意選擇做一個消極或難以共事的人。她上班並不是為了挖苦人、也不是為了和同事吵架，或者因為別人不同意她的觀點就生氣惱火和咄咄逼人，她只是不經思考就這麼做了。事實上，她陷入一種自動重複的消極行為模式中。這些行為悄然地根深蒂固，以至於她都沒意識到同事和主管們是如何看待她的。六年裡，醫院工作時間長、壓力大，再加上職場中競爭好勝的氛圍，讓蘿拉整個人變得精疲力竭、消極負面——而她自己卻一直沒發現這一點。

蘿拉來到我的領導力發展專案時，帶著同樣的消極態度。基於她這些年多次的企業培訓體驗，她對這次的培訓期望並不高。對於自己能否學到新東西，或者是否可以為管理職位做更好的準備，她抱持懷疑態度，但她願意來坐幾天，聽聽「軟技能」講座，這樣在她履歷上就可以寫上：曾參加「領導力發展培訓」專案。

在培訓第一期的時候，蘿拉驚訝地發現，這個培訓項目的課程設計和她之前參加過的並不一樣。本次培訓並沒有以系列講座、或在工作坊閱讀教材的形式進行，這次的專案專注於透過簡單的五分鐘日常練習，來塑造積極的領導習慣。

儘管如此，蘿拉下意識地帶著諷刺回應：「所以我每天花五分鐘做這些瑣碎的練習，就能成為一名更好的管理者？好吧，你說什麼就是什麼。」這似乎太過簡單也太有成效，令人難以置信，但她決定試一試。「好吧，」蘿拉想，「讓我們做完這些步驟，把這事完成。」她並不知道，她即將改變自己的生活。

五分鐘的日常練習，兩個月後有什麼變化？

蘿拉以一個簡單的練習開始了她的領導力發展培訓，這個練習旨在幫助她學會問一些開放式的問題：當你意識到要問一個問題時，請以「什麼（what）」或「如何（how）」做開頭。她所要做的就是把以上的方式每天練習一次。蘿拉是一個好勝上進的人，她接受了這個挑戰，但她很快發現，在急診室忙碌的工作日裡，她沒有時間停下來思考、詢問開放式問題。為了確保自己不會忘記練習的任務，蘿拉每天上班前都會在手上寫一個提醒：「問什麼／如何……開頭的問題。」

一開始，蘿拉練習時不免感到尷尬，但當她堅持每天練習這種詢問法後，她學到了一些新東西。她第一次注意到同事們的意見有多麼多元化，她發現自己很喜歡聽他們講話。她還意識到，如果她在發表自己的觀點前先詢問同事的觀點，對方會更容易接受。她和急診室同事們的關係開始變好了，甚至包括她之前認定難以相處的同事。隨著每一次重複的練習，她越發自信，而且，問開放式問題的技巧也在迅速提升。

大約兩個月後，蘿拉意識到，她不需要再把提醒寫在手上。她在每一次談話中都能提出一些優質的開放式問題。事實上，很多時候她發現自己不需要考慮問什麼，也可以輕易提出問題。曾一度感到尷尬和困難的技能變得如此自然和容易，並且變成了一種自動的行為，也就是成為了一種習慣。

一如往常的爭吵，這次呢？

蘿拉的新習慣不僅改變了她在醫院裡的表現，還延伸到生活的每一個角落。

對蘿拉和她的兩個姐妹來說，每年的十二月帶來的不僅僅是暴風雪和聖誕的氣氛，還有一年中三姐妹最激烈的爭吵——為了耶誕節禮物。

她們每年都要討論在彼此和侄子侄女身上花了多少錢，這已經演變成一個令人不愉快的節日傳統，並且總是以大喊大叫、謾罵、感情受傷、哭泣和後悔告終。蘿拉沒有孩子，但有幸收入更高，她堅持為每個人買禮物，但她的姐妹們想透過抽選名字的方式交換禮物。

今年，她們姐妹之間關於禮物的談話有了意想不到的轉變。當禮物交換的話題一出現，蘿拉的新習慣自動生效。她仍然傾向於給每個人都買一份禮物，但她沒有像過去那樣，每次都立即否定姐妹們的想法，而是問：「妳為什麼想用抽籤的方式？」這個簡單的問題徹底改變了討論的過程。蘿拉和她的姐妹們多年來第一次對她們每個人想要什麼，以及為什麼要這樣做，進行了深入與坦誠的交談。她們沒有再對彼此大喊大叫，而是互相傾聽。歸功於蘿拉的問題，她和她的姐妹們在禮物贈送上達成了一致的意見，滿足了她們的每一個需求。蘿拉的一個姐妹後來緊緊擁抱她說：「這次不一樣了！」

好習慣，更成功

隨著時間的推移，蘿拉的新習慣為她在個人生活和職場發展帶來了更多的成功，她得到她想要的晉升，她克服了自己的職業倦怠，開始重新熱愛自己的職業，她成了自己一直相信會成為的領導者。與同事、朋友和家人的關係也得到改善。結果，她現在比以往任何時候都更快樂、更自信。這一切只源於一個五分鐘的練習。

Part 1

領導力運行原理

Chapter 1

領導力是一系列習慣的總合

擁有強大領導才能的人，在事業和生活中都能獲得成功。不管你是訓練青少年棒球隊、領導教會團體、組織新家庭、創立新公司、管理現有業務的團隊，還是經營價值數十億美元的全球性公司，成為一名高效的領導者，會更容易讓你實現目標。

本書主要是關於如何透過更好的習慣養成，來塑造成為更好的領導者，恰如序文中蘿拉所做的那樣。方法很簡單：先確定一個你想掌握的領導技能，假如這項技能是主動傾聽，那麼你就每天透過簡短且專注的練習，來訓練該技能，直至它成為一種習慣。我把這稱為「領導者習慣公式」（Leader Habit Formula）。

這個公式與其他領導力發展的課程不同。大多數領導力培訓、教育和自我提升的課程，通常是以傳達理論知識和課堂教學作為標準方法，本書的領導力公式卻主張，透過有意識地刻意練習來培養領導能力，這是一段持續的過程。這種方法是建立在科學觀察的基礎上，即觀察人們如何最有效地學習新技能，以及觀察習慣是如何有力地影響我們的行為。你的「領導力習慣」越優秀，你作為領導者的表現就會越好越成功。

在我們詳細討論這個公式之前，首先來了解究竟什麼是習慣。

什麼是習慣

心理學家將習慣定義為一種「自動化行為」（automatic behavior）。這就意味著對於習慣養成的行為，我們不會主動去加以思考——這些行為會在有提示的情況下，無銜接地自然反應出來，幾乎不需要任何下意識的努力；即便有，通常我們也意識不到[1]。「習慣」讓我們更有效率，為我們節省了寶貴的精神能量，也讓我們有時間專注於其他事情，比如思考人生的意義或者幻想下一次的海灘度假。

人們常常將習慣視為自身必須努力改掉的不良行為。例如，你可能希望戒菸、少喝酒，或者選擇不搭乘電梯多爬樓梯，但並非所有習慣都是不好的。事實上，你已經養成了許多可以提升你生活品質、積極向上的好習慣。你會漫步、讀書、開車、數錢、看財務報表、在網上訂機票、游泳、滑雪和演奏樂器；你還懂語言，可以和同事或朋友溝通交談，這些都是常見的習慣。

其中一些習慣是透過「刻意練習」獲得的。像是在學校學習如何閱讀和算數、如何理解財務報表及如何管理專案。透過練習並實踐之後，這些技能就變成自動化行為，僅憑潛意識就可以執行。其他一些你無意中養成的習慣，比如父母堅持讓你做的某些日常行為，像是必須在早上離開家之前吃早餐，你也會將這些行為內化為習慣。但不管你的習慣是如何養成的，它們都確實改變了你的大腦。

你的大腦由數十億個神經元（neuron）的細胞組成。在每一次新的經歷或體驗後，這些神經元會與其他神經元建立新的連結[2]。正是透過這些連結，神經元以電脈衝的形式共享訊息。兩個連在一起的神經元同步放電——即一個神經元透過電脈衝傳遞給相鄰的神經元。你的大腦將該經歷記錄為以相同模式共同放電的特定神經元迴路。當每次重複同樣的經歷時，這種特殊的神經迴路便一次次地被重複放電刺激，與大腦裡正儲存和處理的所有其他記憶以及思想相比，它們更強大也更容易被大腦獲取。而神經迴路變得越強，獲取和處理它的自動化就會越高。

正是這個自動化把行為變成了習慣。自動化是一種「不需要專注於每一個細節便可以執行任務」的能力，是可以透過練習加以塑造的。當你同時可以完成兩項任務時，你就已經達到行為的自動化。實現自動化能力的最佳例子應該是駕駛汽車，當第一次學習駕駛時，你必須專注於開車的每一個細節——油門踏板、離合器、剎車、方向盤、後照鏡、燈光、方向燈等等。但當你開車已經達到自動化水準時，就不會有意識地去思考這些細節，你可以毫不費力，一邊聽收音機或談話，一邊駕駛。

沒人想成為糟糕的領導者

如果你認真看過序言中蘿拉的故事，你會注意到，在蘿拉改變前，她並未有意識地選擇要做一個消極粗魯的人。她每天早上醒來沒有下意識地想要和誰吵架、要貶損誰、或挖苦誰。蘿拉養成的行為習慣，自己從未意識過。一旦壞的習慣養成，她對日常事件就會不加思考地消極反應和處理。自動化行為取代了她原本的應對。

蘿拉的經歷很常見。事實上，在我的整個職業生涯中，我也從未遇過有意識地主動選擇做個糟糕領導者的人。領導者表現不好時，通常可能是出於壞習慣的慣性表現而已。

舉個例子，假設你走進你員工的辦公室，向他要你需要的東西時，他正開著辦公室的門和一位顧客談話。你的員工並沒有和你眼神交流，這是一種非語言信號，讓你知道他想在談話結束後再回應你。此時，你是粗魯地打斷他們的談話，還是有禮貌地等到他們談話結束呢？

紐約大學（New York University）的研究人員提出了類似的問題。更重要的是，研究人員想知道，他們是否能讓人們無意識地陷入壞習慣且絲毫意識不到自己的行為。他們能讓人們表現粗魯、打斷別人的談話嗎？為了驗證這一點，研究人員設計出一個簡單的實驗。大學生們來到實驗室，以為自己將要完成兩項語言能力的小測試。在第一個測試中，學生們被要求把一些打亂的單字盡可能快速地拼成一個語法正確的句子。以下是一個例子：「pizza-you-like-do」，該句的正確語法是：「Do you like pizza？」（你喜歡比薩嗎）在學生們完成第一次測試後，他們被告知去找研究人員，研究人員會給他們第二次測試的指示。在另一個教室裡等待的研究人員假裝正與同事談話。當學生走進第二間教室時，研究人員沒有與學生眼神交流，而是偷偷按下計時器，看學生會在多久後打斷這場假裝的談話。

學生們不知道的是，第一場語言能力測試只是一個陷阱，為了看看他們是否會自動陷入壞習慣。一些學生完成了包含消極詞彙的拼句測試，如令人討厭的（annoying）、咄咄逼人的（aggressive）、生硬的（blunt）和粗魯的（rude），他們被稱為「粗魯組」（rude group）；其他學生完成了類似的句子拼讀測試，但這組測試中的單詞是積極正面的，如尊重（respect）、禮貌（polite）和禮儀（courteous），他們被稱為「禮貌組」（polite group）。

誰更有可能打斷談話呢？究竟是來自粗魯組還是禮貌組的學生？

如果你猜粗魯組的話，你是對的。事實上，在粗魯組中，六七％的學生打斷談話，而在禮貌組中的比例只有一六％。儘管粗魯組的學生沒有意識到這一點，但他們的大腦卻在不自覺中處理了拼句測試中消極詞彙的訊息涵意，這使他們自動陷入打斷別人交談的壞習慣[3]。

南加州大學（University of Southern California）的研究人員也有類似的發現。這一次關注的壞習慣是在安靜環境中大聲說話。要怎樣才能讓學生們在安靜的實驗室養成大聲喧嘩的壞習慣呢？事實證明，僅僅是看到一幅體育場館的圖片就能達到目的。對於經常在體育場觀看體育賽事的學生來說，這張照片引發了他們大聲說話的習慣性反應[4]。即便在沒有典型刺激源的情況下——例如爭論或發出蓋過阻礙交談的聲響，他們也會提高聲音音量。

生命不可承受之自動化

上述兩項研究顯示，我們很容易在不知不覺中養成壞習慣。儘管打斷別人交談和在安靜地方大聲說話只是常見的例子，但個人生活和工作的各方面都有可能會受到這些自動且習慣的行為模式給影響。從醒來的那一刻到入睡時，你都在做著同樣的、一致的每日常態。你的許多日常生活都是完全自動化的——你甚至不知道自己在做這些事情，或者你可能稱它們為直覺或第六感等深奧的概念。

很有可能你每天早上都是按照同樣的順序做事。大概是這樣：鬧鐘響後，你啟動咖啡機、疊被子、沖澡、刷牙、穿衣、吃早餐、上車後開一樣的路線去上班。踏進辦公大樓，搭乘電梯到四樓，和總機打招呼，然後走進辦公室，打開電腦、查閱新郵件、確認時間表，再來一杯咖啡，瀏覽你的社群媒體訊息，讀讀新聞，在趕去第一場會議前回覆了幾封 E-mail。自到職後的十到二十年裡，你可能每週五天都一直如此

——所有的這些例行模式，都是由習慣驅動的行為。

「生命不可承受之自動化」是我借用一篇於一九九九年在《美國心理學家》（*American Psychologist*）上發表的文章標題。在這篇令人大開眼界的文章中，兩位心理學家呈現的研究證據，挑戰了現代心理學的基本假設：就是人們有意識地對周圍的訊息進行有效的處理和分析，並運用這些訊息對自己的行為做出深思熟慮的決定和選擇。然而，研究證據顯示，大多數人的日常行為並不是他們有意識的決策或刻意選擇的結果[5]。大腦會無意識地處理你周圍的訊息，在很多情況下，自動化占據了你的大腦，而你卻沒有意識到。換句話說，你是「習慣」的產物。

事實上，在你的工作和生活中幾乎有一半（四三％到四七％）的日常行為是習慣性的，是在無意識情況下被自動處理的[6,7]，原因是人腦有意識處理訊息的能力有限。一個人能有意識處理的訊息量，每秒大約只有一百一十位元（bits）。然而，即使是最簡單的日常任務也需要大量的腦力。例如，僅僅解碼語言和理解這一頁詞彙的意思，就需要每秒六十位元的訊息量[8]。

就連你閱讀這一頁詞彙的行為，也是一種習慣養成的結果。你會自動地從右到左，從上到下閱讀。你聽不出單一的字母，但卻自動地從詞彙中提取出意義（**編注：**

原句為 You dno't sonud out idinvduial letrets, but rtaehr you amuotatlicaly exractt meniang from wrods）。儘管這個英文句子中大多數單字的拼寫並不正確，但以英文為母語的人大多能輕鬆讀出這個句子的意思。這是因為大腦會自動地把每個詞作為一個整體來處理。只要第一個和最後一個字母出現在正確位置，大腦就會自動填充剩下的部分。

當你讀到這頁的最後一行時，你的大腦會自動提示另一個習慣：翻到下一頁。你知道從你拿起這本書後已經翻了多少頁嗎？你可能不會知道，因為翻頁的時候是無意識的。你不會在心裡暗想：「我現在讀的是這一頁的最後一行。在大約兩秒鐘的時間裡，我先把左手放到頁面的左上角，然後拇指和食指並用，輕輕夾住將這頁立起來，之後左手快速移動到頁面下方，把這頁向右翻，右手接住，然後移回左手拿著書。」

由於你現在正專注於解讀頁面上詞彙和句子的意思，因此你大部分有意識的處理能力都被消耗掉了。比如說，你沒有意識到自己的呼吸已經放緩，你的手因為拿著書而感到疲倦，或者你坐的椅子有點太硬不舒服。但是你的大腦一直在吸收所有的這些訊息，在你沒有意識到的情況下進行分析處理，並自動調整你的身體。你也許會把手放在腿上休息，或者調整坐姿重新改變身體重心。無論你是否意識到這一點，你都在不斷地對周圍的提示做出反應，大多是熟練的習慣性反應。

自動化不僅可以承受，而且是有益的

不久前，我在新奧爾良的一個宴會上遇到一位有趣的紳士，我們暫且稱呼他為史考特。八年前，史考特受邀聆聽一家新興軟體公司的宣傳活動，他是當時受邀的二十人之一。這個宣傳活動就像發明真人秀《創智贏家》（*Shark Tank*）或《矽谷群瞎傳》（*Silicon Valley*）——一群有能力的年輕人熱情地描述他們顛覆性的科學技術將如何改變世界，這裡的世界是指人力資源（HR）的世界。史考特回憶說：「這些人身上有些不一般的東西。」、「他們的熱情帶有傳染性，像野火一樣在屋子裡擴散，直到燒到了坐在後排的我。突然之間，我有一種強烈的感覺，我必須加入他們。」

當時，史考特在父親的人力資源諮詢公司工作，該公司擁有五名全職員工，幾名承包商，每年的收入穩定在二百萬美元左右。公司主要為中小型企業提供初級人力資源工作的外包服務，比如負責工資薪酬和員工福利。史考特父親的公司業務穩定，他早些年也在準備等父親退休後就接手。

在宣傳活動後，史考特開始相信他看到的軟體將會是人力資源的未來，他堅定地認為：他和父親需要把公司的業務轉到軟體上。這是一個相當大的風險。幾乎沒有人聽過這種新軟體，只有少數公司在使用它。此外，該軟體由兩家巨頭供應商主導，市場成熟競爭激烈，因此並不容易獲得市場占有率。然而，史考特說服他的父親加入董事會，他們一起把公司的小型諮詢業務轉到這個新的應用軟體上。今後，他們的業務將只提供直接導入新軟體的人力資源外包服務。雖然存在風險，但史考特確信此舉會帶來回報。

史考特的直覺是正確的。如今，史考特八年前第一次看到的這款軟體已經在人力資源市場上享有盛名。這家曾經規模不大的初創軟體公司，現在已是一家增長迅速、市值十五億美元的上市公司。透過早期與該軟體公司的合作，史考特自己的公司已經擁有八百名員工，年收入達到五億美元。是因為他幸運地在對的時間出現在正確的地方嗎？或者是史考特的直覺源於他的習慣？

科學研究顯示，事實上，直覺只不過是內在化的經驗——另一種形式的自動化和習慣。例如，有記錄顯示，新生兒在血液檢測呈陽性之前，專業護士就能辨別出孩子何時會患上危及生命的疾病。如果你問這些護士是如何知道孩子得了重病的，他們並不能明確地告訴你，許多人會簡單地把它歸因於直覺。然而，當研究人員詳細分析專業護士所關注的訊息時，他們發現了一些關於嬰兒身體狀況的線索和模式，其中一些甚至不是護理教育課程的一部分。事實上，這些護士所關注的醫學指標與成年病患的正好相反[9]。

和這些護士一樣，史考特是他所從事領域的專家。他在父親的人力資源諮詢公司工作了十二年，對這個行業瞭如指掌。當他在宣傳活動上看到新軟體時，他大腦處理的訊息比他意識到的還要多。當所有正確的提示都出現時，史考特的大腦自動做出了一個決定：他需要把自己的業務轉到這個軟體上，支持這家初創的軟體公司。

你的許多行為是習慣性、自動的，發生時是無意識的，知道並接受這點的確不太容易，事實上，它看起來似乎難以被理解。雖然最初你可能會因為把自己的不良行為歸咎於習慣而感到安慰，但這個說法對於生命的意義、道德感和個人責任提出了質疑。著名捷克作家米蘭・昆德拉（Milan Kundera）在他的小說《生命中不能承受之輕》（*Nesnesitelná lehkost bytí*）中探索了這一個悖論，前面提及的《美國心理學家》文章的標題[10]正是啟發於此書。「習慣」和「人類行為的自動性本體論意義」姑且留給米蘭・昆德拉和哲學家們去思考吧。

對史考特和其他人來說，「習慣」不僅是可以承受的，而且是有益的。事實上，如果沒有「習慣」，你會很難完成任何事情。如果你每次都必須對日常生活的方方面面做出新決定，你很可能早上連門都出不了。你應該喝滴濾咖啡、意式濃咖啡還是卡布奇諾？你是在家自己煮還是在上班途中買？你是否應該在洗澡前刷牙？你應該淋浴還是泡澡？你是否應該在身體抹肥皂前，先洗頭髮？你早餐應該吃什麼？培根和雞蛋嗎？麥片加牛奶嗎？哪個牌子的麥片？要不要來一杯水果汁？你肯定明白了：把這些生活的常規元素變成習慣，會讓你的生活更輕鬆、更有效率。

如果你大部分的日常行為由習慣驅動但卻仍然卡卡的，請記住：有意識的思考需要努力和精力，兩者都屬於有限資源。大腦只能有意識地每秒處理一百一十位元的訊息量，面對龐大瑣碎的各種事件明顯不夠用。如果不是出於自動和習慣，每秒一百一十位元將是你能處理的所有訊息量，這會讓你的生活和一個被基本生理需求驅動的動物相類似。「習慣」可以幫你節省腦力，讓你在工作和生活中獲得更多。

優秀的領導者擁有優良的習慣

當你想到自己的習慣時，最容易想到的通常是顯而易見的習慣，比如早上的例行事項。但請記住，你的行為中至少有一半，甚至更多是習慣性的，這一點也適用於你的工作，就和你到辦公室之前的慣例行為相同。你如何開始一天的工作，如何開會，如何回覆郵件，如何接電話，如何與同事互動，在某種程度上都是由習慣所驅動——有些是積極的，有些是消極的。

如果你想像序言中的蘿拉一樣獲得晉升，或者想和史考特一樣為你的公司做出正確的戰略決策，你需要有正確的習慣。但是你最初是如何養成這些習慣的？是看遺傳基因嗎？需要擁有名校的工商管理碩士學位（MBA）？參加領導力發展課程？雇用一位昂貴的企業主管教練（Executive Coaching）？擁有一套適當的工作和生活流程？每天練習？

早期的領導力理論家假設：領導者是天生的。這些理論家們相信，有些人天生就具有特殊的性格特徵，這使他們更有可能擔任領導職務。然而，對雙胞胎的研究反駁了這個觀點。當研究人員檢查異卵雙胞胎和同卵雙胞胎擔任領導角色的可能性時，他們發現遺傳因素僅占三〇％[11]，另外的七〇％不是遺傳，而是後天學習得來的。

如果領導力主要是後天學習得來的，那麼我們有理由認為：最終成為領導角色的人必須具備其他人所不具備的某些技能。事實的確如此，我數十年的研究充分記錄了高效領導者具備的技能。我們知道最優秀的領導者善於影響他人、溝通清晰、預先計畫和做戰略思考，能很好地委派授權，然而這只是表面現象。

例如，澳洲格里菲斯大學（Griffith University）的研究人員發現，在研究的五十六家豪華酒店裡，管理人員中那些擁有具體願景、迎合員工的價值觀、授權員工做決策的人，比其他管理人員表現更好，他們指導的員工往往能取得更好的業績[12]。同樣地，在對一家工業分銷公司的一百名分行經理的研究中，那些超越自身利益、表現出自信、強調共同願景、激勵和激發員工、鼓勵創新和創造力的管理者，他們指導的員工都可達成更高的年度銷售額和利潤[13]。事實上，關於這個主題的文獻很多。

在我自己的研究中，我和我的團隊回顧了有關這個主題的大量文獻，以期能夠在高效領導者中找出最常見的領導技能，讓人們成為有效的領導者。經過長時間的評議，我們列出了二十二項核心技能清單（見圖1-1），這些技能成為領導者習慣公式發展的組織架構，我將在下一章詳細描述。

現在，我們應該清楚了，領導力發展的核心問題不再是「誰有能力成為一個偉大的領導者」，而是「培養優秀領導者的最佳方式是什麼？」

如果你已經消化了這一章節的關鍵內容，那麼你已經知道答案了——培養優秀領導者的最佳方法是：幫助人們將二十二項核心領導技能內化到自動化的程度。換句話

圖1-1　核心領導技能

完成工作	專注於人
• 計畫和執行 管理優先事項、計畫和組織工作、妥善委派任務、創造緊迫感	• 說服力和影響力 影響他人、克服個別抗拒、優質談判
• 解決問題和做出決策 分析訊息、思考解決方案、做出正確的決定、專注於客戶	• 促進個人&團隊的成長 授權他人、指導和訓練、建立團隊精神
• 領導變革 • 宣揚願景、創新、管理風險	• 人際交往技能 建立關係、表達關心、積極傾聽、清晰溝通、魅力交談

說，就是把這些技能轉化為習慣。要如何做到這一點？

在圖1-2中可以看到人們是如何塑造領導技能的。我們將「練習量」放在水平（x）軸上，「自動化」放在垂直（y）軸。如果沒有任何練習量，位置則處於圖的左側。隨著每天練習，位置會逐漸向右移動。記住，自動化是指：處理事情時達到一種「不需密切關注事物的任何細節就可以處理好」的程度——就是事情自動進行，不需要你有意識地處理。一項新任務需要練習才能變得自動化，你練習得越多，任務處理的自動化程度就越高。

任何領導技能一開始都是弱項，你還沒有練習過這項技能，不知道如何把它做

圖1-2　人們如何培養技能

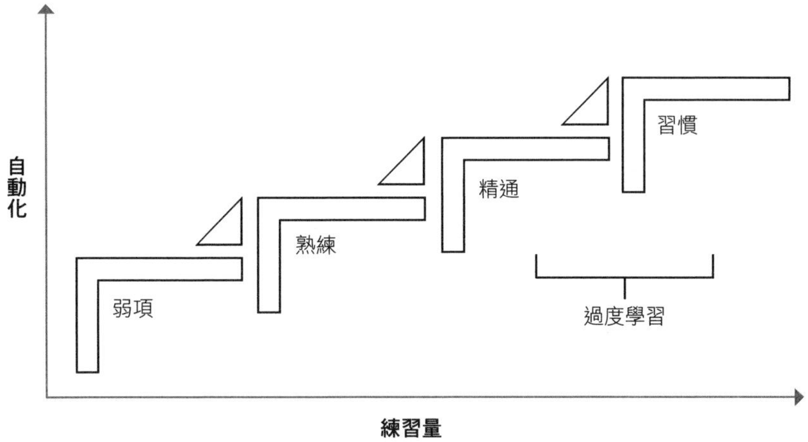

好，所以你必須更專注。這個階段需要付出很多努力和專注，在過程中你會犯很多錯誤。例如，學習如何用願景來激勵你的跟隨者。這項技能包含多個部分：先描繪藍圖的目標結果，這樣就可以為你的跟隨者們具體地定義目標；之後預見整個集團或公司的發展方向；理解他們的價值觀和需求，從而確保你的願景對他們有吸引力。

當你繼續練習這項技能時，你的大腦將開始自動處理一些基本的過程，比如記住任務的先後順序，也許在順序的特定部分會更熟練。你會找到一種方式來解讀你的追隨者，讓你不用耗費太多專注力就能快速地理解他們的價值和需求，或者你本身就是一個很容易想像出終點的視覺型之人。當大腦內化這項技能的不同部分時，技能就會開始變得更容易，你也越來越熟練。

堅持練習得越多，尤其是那些你覺得有挑戰性的事情，你就越接近精通（Mastery）的程度。當你達到精通程度時，會變得特別擅長這項技能，你自己有信心做好，同時也會得到別人的認可。但即便你已經精通了這個技能，仍然需要專注和努力才能完成它，因為還沒有完全形成自動化——這項技能還沒成為一種習慣。完全形成習慣需要在達到精通後繼續練習，心理學家稱之為過度學習（Over-learning）。如果你堅持習慣性地使用願景激勵追隨者，你會發現，那些曾經讓你覺得困難、不自然以及需要大量努力和專注力的事情，現在可以毫不費力地完成。

「領導力發展」的問題已是全球性問題

大多數人似乎直覺地認為領導力與成功之間有關聯，因為我們都在自助課程和書籍上投入了大量時間和金錢，想要改善自己的領導能力。二〇一一年，美國的自助市場價值高達一百億美元。儘管這些市值中健康、健身和減肥計畫類產品占很大一部分，但緊隨其後的是理財、商業和個人發展類產品[14]。

同樣，企業也在領導力發展方面投入巨資。二〇一二年，美國企業在領導力發展項目上的支出為一百三十六億美元，比前一年增長了一四%。平均下來，在培訓和資源支出上，公司願意為基層和中階管理人員花費數千美元，願意為高階經理人員花六千美元以上，高潛力員工可以達七千美元以上[15]。

自一九九六年以來，每一年在領導力發展上的支出都在穩定增加。但是有一個問題：所有這些投資並沒有讓我們成為更好的領導者。相反的，用於支持領導力發展的宏觀經濟數值與大眾對領導力的集體信心之間，存在負相關的關係[16]。二〇一五年，布蘭頓霍爾集團（Brandon Hall Group）對三十四個國家和三十一個行業的五百多個組織進行調查，結果令人擔憂。一半的受訪者表示，他們的現任領導者並不具備必要的技能來有效領導他們的組織。此外，七一%的組織表示，他們的上司或領導者沒有為未來領導公司做好準備[17]。

儘管人們有意願成為更好的領導者，用於領導力發展的資金越來越多，但很明顯的是，領導力問題已經是一個全球性問題。究竟是哪裡出錯了呢？

正如我們看到的，問題不在於缺乏對領導力本質的了解；從概念上講，優秀領導者的技能和行為都很好理解。事實證明，問題在於大多數人培養發展領導力的方式。

閱讀一本書或上一堂課

如果你想學習一項新技能或在某件事上做得更好，你最可能從朋友、家人、同事和導師那裡得到「閱讀一本書或上一堂課」的建議。這點在大多數企業中尤為明顯，人力資源部門常常會向你推薦一份盡是線上或面對面課程的企業大學目錄。事實上，培訓是商業領域中大多數員工進修的首選。二〇一七年國際獵人頭領英公司（LinkedIn）的一項調查發現，七八%的公司主要以講師引導的課程來教授他們認為最重要的專業技能——領導力和人員管理[18]。

我們將書本和課程視為學習的最後途徑，因為它們通常看起來是最簡單的解決方案，而且也是最熟悉的方式。我們大部分的童年和青年時間都在教室裡學習、閱讀課本，所以很自然地繼續依賴課本，但實際上這就是問題所在。事實證明，書本和課程並不是學習新技能的最佳途徑。關於商業環境的研究顯示，基於課堂的培訓通常是無效的。據估計，人們在工作中只使用了在課堂上所學內容的一〇%[19]。

傳統的課堂教學和書本學習在領導力培養方面並不有效的原因有很多，一是我們會忘記在課堂上讀到或學到的大部分內容。

在心理學發展的早期，德國科學家赫爾曼・艾賓浩斯（Hermann Ebbinghaus）以自己為實驗對象測試了人類的記憶能力。他開始學習無意義的單詞，這些單詞遵循簡單的「輔音—元音—輔音」模式，比如「REH」，但單詞本身無任何意義，因此他無法將它們與任何已經儲存在記憶中的東西連結起來。他花時間一遍又一遍地研究這些無任何意義的單詞，然後測試自己的單詞記憶能力。他希望可以透過這種最純粹的形式來測量記憶。

艾賓浩斯發現，在研究這些毫無意義的詞彙一個小時後，他已經忘記了其中的三五%。一天後，他只能記住一半的單詞。六天後，他竟然忘記了八五%的單詞。這一發現被稱為艾賓浩斯的遺忘曲線（The Ebbinghaus Forgetting Curve）[20]。在學習外語的人之中也發現類似的遺忘模式，所以我們迅速忘記的並不僅僅是無意義的詞彙[21]。

傳統領導力發展培訓無效的第二個原因是，在培訓過程中人們獲取的主要是知識，而不是技能。如果你能記住並在適當的時候回憶起來，那知識就是有用的，但在實際做事情的時候，更重要的東西是技能，而技能只能透過刻意練習的系統機制來培養，這與獲取概念性的知識非常不同。

想了解知識和技能之間的區別，最好的方法就是觀察音樂教育。如果你曾經學過彈奏一種樂器，比如鋼琴，你就會知道，僅僅上一節音樂理論課或是在YouTube上看別人彈鋼琴的影片，並不能讓你成為一名音樂會鋼琴演奏家。要學習彈鋼琴所需的許多技能，你必須自己坐在琴鍵前大量練習才可以。

學習成為領導者也是同樣道理。就像彈鋼琴一樣，關乎領導力更多的是技能而不是知識。要成為一個更好的領導者，唯一途徑是透過有意識的、持續的練習來提高領導能力——這是傳統的領導力培訓很少提供的。

最後也是最重要的一點，傳統領導力培訓失敗的原因還在於：它沒有考慮到習慣對人類行為的巨大影響。大多數領導力培訓都基於這樣的假設：我們的日常行為是理性、深思熟慮、被有意識地控制的，但正如我們所見，這種假設與事實相去甚遠。是習慣塑造了我們，無論是在個人生活還是在職涯發展上，再多的課堂教學或書本學習都無法培養出成為更好領導者的習慣。

這就是領導者習慣公式的由來。我們透過「將領導技能轉化為習慣」，訓練人們用有效行為自動對各種情況做出反應，從而成為更有效的領導者。

本書將指導你使用領導習慣公式，培養領導技能並將其轉化為習慣。在下一章中，你將了解習慣是如何形成的，我會詳細描述領導者公式及背後的研究。在第二部分中，將學習如何持續養成習慣所需的刻意練習，一個簡單的五分鐘練習如何轉化為全面的技能。如何運用公式中的領導力技能和日常練習，打造專屬於你的領導者習慣訓練方案，這些都包含在第三部分中。最後，第四部分用來指導那些負責幫其他人培養領導技能的人，比如家長、教師、教練、顧問、高階經理人教練和人生導師，公司經理以及人力資源和組織發展的專業人士。它為各種非正式一對一或團隊提供使用公式的指導，並可作為正式領導力培養發展課程的一部分。

Chapter 2

領導者習慣公式

二〇一三年七月六日週六，舊金山國際機場異常晴朗，韓亞航空二一四航班正準備向二十八號跑道停靠。海灣沒有雲層或大霧，天氣條件適合常規降落。乘客艙的座位安全帶指示燈還亮著，十一個小時的飛行即將結束，大家都覺得有種放鬆解脫的感覺。

在航空公司工作了十八年的李潤海是該航班當天的座艙長。當這架波音777客機開始降落時，她和其他空服員最後一次走過機艙，收拾乘客用過的杯子和其他垃圾，打開窗戶遮光板，並檢查乘客是否繫好安全帶。檢查完一遍後，李潤海坐了下來，扣上安全帶等待著陸。

接下來發生的事絕不是常規事項了。飛機飛得太低，飛機的主起落架和尾部撞上跑道盡頭的海堤後墜落。起落架、機尾和引擎在墜落期間都被扯了下來。主機身沿著地面滑行二千四百英呎才停下來。「這不是我們平常的著陸方式。」李潤海後來在新聞記者會上說：「飛機猛烈撞到地面，再次顛簸，向兩邊傾斜，最後停了下來。」[1]不到一分鐘，飛機殘骸起火，被黑煙吞沒。

李潤海一聽到「緊急逃生」的聲音，她的大腦就進入了「自動行為模式」。沒有時間去思考，沒有時間去計畫，但是她知道下一步該做什麼。「我並沒有真的在思考，但身體開始自動執行疏散所需的步驟，」李潤海後來對一名記者說，「發生火災時，我只是想把它撲滅，並沒有去想太危險或者『我該怎麼辦』的問題。」

李潤海在墜機後的行動是她接受多年訓練的結果。她能夠疏散乘客，撲滅大火，幫助受傷的人，這些並不是下意識思考之後的行為，而是因為她練習過無數次緊急程序，這些程序早已成為她根深蒂固的習慣。當緊急情況發生時，訓練養成的習慣使她迅速自動化地根據災難提示做出反應。

顯然李潤海的訓練是有效的。在某種程度上，多虧了她出於習慣的自動化行為，二一四航班上的三百零七名乘客，除了兩名乘客外，其餘都從墜機現場被救了出來。

緊急逃生訓練之所以有效，是因為它的設計初衷就是為了塑造習慣——訓練專注於將特定的提示（例如，火）與特定的行為（滅火）連結在一起，透過反覆有意識的練習，直到行為可以對提示形成自動反應。一旦訓練過的行為變成習慣後，李潤海就可以對緊急情況的提示做出反應，下意識地去做。不管她當時是在壓力之下還是處在疲勞之中，或者正處於危及生命的災難中，即使她當時完全在想別的事情，她的自動反應也不受影響。每當有提示出現時，她都可以自動地採用與提示配對的特定行為做出反應，比如：火（提示）—滅火（行為）。在二一四航班失事後的混亂中，李潤海和同事們訓練有素的習慣，無疑挽救了大家的生命。

當我們訓練自己自動做出正確的行為來應對特定提示時，對於「習慣」所擁有的強大力量，李潤海的行為是一個很好的證明。其實，養成李潤海這樣高效應對的習慣具有普遍性，也正是領導者習慣公式的起點，它簡化了領導力的培養發展，使其更簡單、更容易獲得、更有效。（記住，從本質上來說，領導力只不過是一系列習慣的加總而已。）就像李潤海應對緊急逃生養成的習慣一樣，如果你知道哪些關鍵行為值得關注，你也可以培養相應的習慣，使自己成為一個更好的領導者。

但首先，你需要了解人們是如何養成習慣，領導者習慣公式又是如何形成，以及公式的基本運行原理。

習慣養成

就習慣來說，無論是好習慣還是壞習慣，都只是對相應提示的自動反應。我們每個人都有自己的習慣，雖然大多數人不會像李潤海緊急訓練後的習慣那麼緊張刺激。例如，吸菸者坐下來喝咖啡時，可能會忍不住點燃一支香菸。酗酒者走到吧檯後，可能會被吸引去點一杯純威士忌。對一個苦苦掙扎的節食者來說，開車經過星巴克很難不停下來喝一大杯白巧克力卡布奇諾。習慣一旦養成就會變得牢固且難以戒除，就像我們從很多戒菸者、酗酒者和努力減肥的人身上看到的那樣。

所有的習慣都包括配對的提示和行為，當提示出現時，你會以某種行為做出反應。假設你剛搬進新房子，自從搬家後你就一直找不到鑰匙，因為你進門的時候總是愛把鑰匙放在不同的地方。你覺得沮喪，決定要把鑰匙放在同一個地方。所以今天，進入你的新家（提示）後，你把鑰匙放在廚櫃上（行為）。明天再次重複同樣的事情，後天再次重複同樣的事情，以此類推。最終，配對成功——你牢牢記住一旦進入你的新家，就把鑰匙放在廚房櫃上，所以你每次進入房子後都會自動做出這個動作，根本不需要考慮。你一遍又一遍地重複同樣行為，直到它變成一種習慣。現在你再也不會不知道你把鑰匙放在哪裡了！

在這個例子中，刻意重複練習是非常重要的。最高效的習慣養成方式是透過刻意的練習（deliberate practice），將相同的提示與相同的行為一遍遍重複配對。對某提示僅有過一次反應的行為不會發展成為習慣，習慣養成需要大量重複。這意味著即便促成「特定提示—行為配對」的過程很簡單，習慣養成也需要很多初始努力。

回想一下，你第一次養成使用安全帶的習慣時，花了多長時間才記住上車必須先繫好安全帶？最初你可能需要花費很多精力，也許要靠父母和朋友提醒，或者是汽車安全帶發出警告才會記得去繫，起初可能會讓你覺得不舒服，但隨著後面更多的刻意練習，這種行為變得舒適且易於執行，直到最終成為一種習慣。執行中的行為一致，也就是同樣的提示一而再再而三地與同樣的行為配對，這導致習慣的形成[2]。

用科學的術語來說，一種行為在無意識思考的情況下，自動化地對一個提示做出反應，我們稱這種狀態為自動化（automaticity）。當一種行為自動化並成為習慣時，它就不再是有意的或受意識控制的。抽菸者坐下來喝杯咖啡後會自動點燃一支香菸，在看到點燃的香菸後才意識到自己正在抽菸。酒鬼在聽到「你喝什麼」的問題後，會自動要一杯純威士忌，他甚至沒思考過其他的飲料。苦苦掙扎的減肥者在駕駛途中看到星巴克的標誌後，會自動開到免下車車道；他並沒想到那份超大杯白巧克力奶油星冰樂有五百一十卡路里。李潤海聽到「緊急逃生」後立即採取行動展開救援，她並沒有停下來去想是什麼導致了飛機墜毀，或者現在的情況是多麼危險。

當你對一個行為練習到超越掌握的程度，也就是說你認為自己不會表現得更好的情況下，仍然繼續練習，這種時候自動化就會開始發揮作用。科學家發現，當你開始一種新行為時，大腦會形成一種新的行為模式。在你練習新行為時，大腦會努力更新思維模式，以便更好地預測新行為，並克服可能阻止行為發生的障礙。隨著時間的推移，只要重複的次數足夠多，大腦就會完善其思維模式，透過剔除不必要的過程和減少能量浪費，使行為更加有效。我們沒有意識到大腦正在這樣做，但是結果卻已經在實驗室的測量裡顯示出來。研究人員已經發現，在練習一項超越掌握程度的技能時，所耗費的能量和精力會大幅度地降低[3]。當達到精通程度後，進行有意識的練習被稱為過度學習，這就是形成自動化和習慣養成的階段。

過度學習如何解釋先前提的吸菸者和酗酒者的例子呢？你可能會指出，人們並非刻意去養成吸菸和飲酒的習慣，你是對的。我們都知道，自己很多習慣都是無意中養成的，並沒有刻意練習過。這是因為反覆的「提示—行為配對」練習只是整個習慣養成的一部分，另一部分是獎勵因素（reward）。

一九四七年，美國著名行為心理學家史金納（B. F. Skinner）觀察到一些非同尋常的事情。幾年來，他一直在用鴿子做實驗，他成功教會鴿子如何透過完成各種任務而獲得食物。在一個非常簡單的實驗中，史金納把一組鴿子放在一個裝有自動餵食器的獨立籠子裡。自動餵食器每天都按照預先設定好的時間給鴿子餵食。例如，每天從下午三點五十分到四點，鴿子會每隔一分鐘獲得一些食物顆粒，之後停止餵食，直到第二天再繼續。

隨著實驗的進行，史金納注意到一些鴿子開始養成奇怪的習慣。一隻鴿子開始把頭向兩邊轉動，就像一個運動的鐘擺。還有許多其他奇怪行為的例子，在實驗的最後，四分之三的鴿子都養成了奇怪的習慣。史金納意識到鴿子的這些習慣是隨機形成的：無論牠們在餵食時間裡做出什麼行為，都會獲得食物顆粒的獎勵。由於獎勵，鴿子學會了將這種行為與食物顆粒連結起來，於是牠們一遍又一遍地重複這種行為，以期待能獲得食物，直到這種行為變成一種習慣[4]。

史金納的實驗顯示，獎勵是形成習慣所必需的第二種條件。簡單來說，反覆得到獎勵的行為會變成習慣。這就解釋了人們如何養成和吸菸、酒精與食物相關的習慣性行為。人們從吸菸、酒精、脂肪或甜食的化學物質中獲得的快感，驅使他們不斷重複這些行為以獲得獎勵。當被獎勵的行為對同一提示進行足夠多的練習時，整個「習慣循環」就產生了：提示（cue）—行為（behavior）—獎勵（reward）。

不管你是用「提示—行為」配對，還是「行為—獎勵」配對開始習慣循環，都無關緊要。需要記住的重點是：只有當提示和獎勵都存在的時候，才能將一個行為變成一種習慣。一方面，你可以根據提示來刻意練習一種行為，就像多年來李潤海在飛機客艙培訓期間所做的那樣；另一方面，如果你從行為中獲得滿足感（獎勵）的激勵後，你會在達到熟練程度後繼續練習。無論以上哪種方式，一旦達到過度學習的層次，思維方式將在腦海中得到完善並生成自動化，此時你就養成了一個新習慣。

「提示—行為—獎勵」的循環解釋了習慣是如何形成的。站在高層次上看，這個過程看起來很簡單，但我們需要進一步研究細節。例如，你可能已經注意到一些行為很容易轉變成習慣（吸菸、喝酒、吃不健康的食物等等），而另一些行為則需要更多的努力去建立（健康飲食、定期鍛鍊）。所有行為的習慣循環方式都是一樣的，那是什麼導致了培養不同習慣所耗費的精力差異？我們如何才能分辨清楚，具備哪些特徵的行為會更快速地形成習慣呢？

加速形成習慣的行為特徵：簡單、單獨和一致的行為

一個超聲波巨響突然響徹大西洋的深黑色水域。你很快就確認到聲音來源：來自大約十英里外的一艘敵方潛艇。你的任務呢？避免戰鬥，並將你的潛艇和船員完整帶到大西洋彼岸的一個軍事港口。你必須在水下障礙中航行，保持速度、溫度和氧氣，準備好魚雷、監測聲納，提高護盾。

謝天謝地，這只是一個電腦遊戲，它要做的實驗是關於不同訓練方法的有效性，你只是實驗參與者。潛艇穿越大西洋是非常複雜的任務，當天稍早時你接受了訓練。對於你的團隊，研究人員將整個跨大西洋旅程分解為更小的子任務，而你一次只練習一小個任務。一旦掌握了這個小任務，你就開始進行漫長任務的下一小段。

另一組參與者接受的訓練大不相同：他們沒有把航行任務分成小塊進行。相反地，他們將整個跨大西洋的航程作為一項單一的複雜任務，從始至終進行操練。

哪一組學得更快呢？當然是你的小組，因為你們專注於一次練習一小個任務。那些練習一整個複雜任務的人需要更長的時間學習[5]。

研究結果很明確：簡單（simple）的行為比複雜的行為更容易變成習慣[6]。這不

表示你不能把複雜的行為變成習慣，而是需要先把複雜的行為分解成更細小的行為——心理學家稱這個過程為組塊（chunking）——你將更容易獲得更多的成功。其實你已經有過這樣的經驗，像自己如何學會走路、演奏樂器或一項運動。每一項活動都涉及許多複雜的行為，而這些行為是不可能同時一次學會的。相反地，你一次練習一個組塊的內容，比方說嬰兒時期邁出的第一步、一首音樂作品的第一部分、以及投籃之前的運球。只有在掌握了一個組塊的內容，你才開始練習下一個組塊。

另一個快速轉變成習慣的行為特徵是單獨性（individual）。這意味著一個行為只與一個特定的提示有關。如果你嘗試練習對同一提示做出多種行為反應，這些行為會互相競爭，你的大腦就不知道該優先考慮哪一個。這使得行為模式很難在腦海中進一步得到完善，便無法形成行為的自動化。研究顯示，如果同一提示有多種行為直接與之對應，這個行為演化成某種習慣的可能性就會降低[7]。（這是將複雜技能分解成簡單組塊的另一個原因。透過劃分組塊，可以讓你更容易將每個簡單的行為與特定的提示加以配對。）

最後，一致（consistent）的行為會更快變成習慣。大腦會把你的每個行為建立和完善成一個模式。列出行為模式時，一個一直相同的行為會比一個總是不同的行為更容易被列出——該模式也更容易得到完善和細化。例如，假設你想要變得更懂得授權與他人，想要培養這種習慣，你要做的行為是：問你的部屬他們願意做哪些決定。你的問題問得越一致，你養成這個習慣的速度就越快。但是想像一下，如果你用幾種不同的方式來表達這個問題，有時候是：「與本任務相關的決定，你樂意做哪些？」而有時候是：「我們怎樣才能讓你對專案有更多的控制權？」你對問題改變的越多，大腦為了解釋它們所做的工作就越多，而行為實現自動化所需要的時間也就越長。

簡單、獨立、一致這三個要素是理解「行為最有可能迅速成為習慣」的關鍵，也是我對領導力習慣公式的靈感來源。你可能還記得，本書的公式包括二十二項核心領導技能，每一項都很複雜，很難掌握。這就是傳統的領導力培養方法被證明無效的原因之一——試圖一次學習二十二種複雜技能，無異於從頭到尾演練了整個跨大西洋的潛艇航行。理論上，掌握一切都是有可能的，但實際上，幾乎是行不通。太多的行為只會競相分散注意力。最後，幾乎沒有人能堅持下來。

但是，考慮到以上的三個要素，我發現把複雜的領導技能分解成更小的微行為是可行的。一旦確定了所有的微行為，我就可以將它們作為簡單且有針對性的練習基礎，任何人都可以每日輕鬆練習，培養習慣，這些習慣隨時間的推移逐漸得到積累，最終將可提高領導技能。如果確實可以把複雜的技能分解成更細小的微行為，這個想法就提供了一種新的、更有效的領導力培養方法。

解構領導技能

我的研究團隊安排的日程如下：我們研究二十二種最常見的領導技能，並試圖透過觀察和分析世界各地近八百位領導者的行為，嘗試把構成每一項技能的微行為梳理成行為清單。如你所料，這不是一項簡單的任務。

我們最大的挑戰是：在觀察分析眾多領導者行為時，找到一個標準化的處理方式。這裡的標準化是指，每個領導者的情況都完全一樣，同一家公司、同一職務、相同的領導情形，以完全相同的順序出現。

為什麼我們如此在意標準化？因為只有保持所有的情境細節不變，我們才能梳理出參與者的領導行為差異，並對高效和低效的領導者進行有意義的比較。

我們決定對標準化場景使用實況領導模擬（live leadership simulation）。我們構建了一個真實的三小時日常模擬，實際播送，包括真人角色扮演——你可以把它想像成哈佛商學院（Harvard Business School）精心設計的研究案例。在參與模擬之前，參與者會收到資料預先準備，他們可以了解自己虛構的新組織和虛構的新工作：組織結構圖、財務報表、戰略計畫、行業趨勢等等。模擬開始時，有幾封電子郵件等著他們去處理，還有一個會議需要參加。我們訓練演員扮演不同的角色，比如有表現欠佳需要指導的員工、令人討厭的媒體記者和公司的營運長（Chief Operating Officer, COO）。演員透過網路攝影機和參與者視訊聯繫。在角色扮演期間，參與者收到了更多的郵件，這些郵件裡提問者向他們提出需要解決的各種問題。

我們記錄了每一次角色扮演互動和每一次電子郵件的交流，並請獨立的評估人員觀察影片中記錄的領導者行為。這些評估員至少擁有心理學或相關領域的碩士學位，並且接受過如何正確觀察和編碼各種領導行為的大量培訓。至少有三名獨立評估員對每位參與者進行觀察，為增加客觀性，我們對評估者的評分進行了加權平均處理。

在過去幾年中，我的研究團隊收集了七百九十五位領導人的觀察結果，其中五六％是男性。我們樣本中的領導人分別擔任高階主管（二六％），中階主管（二七％）和一線經理（二三％）。他們的平均年齡是四十歲，有八年的管理經驗。大多數領導人被確認為白種人／歐洲人（四八％），拉丁裔／西班牙裔（三十％），亞裔

／太平洋島民（四％），黑人／非洲人（二％）。四十四％位於北美洲，二九％位於歐洲或非洲，二二％位於南美洲，五％位於亞太地區。

我們研究的領導者中有近一半的人擁有研究所學位（四九％），三三％擁有本科學位。他們幾乎遍布所有行業，包括製造業（二三％）、醫療保健（一二％）、教育服務（一〇％）、建築業（八％）、金融服務（七％）和專業服務（七％）。

在收集了所有的評估員觀察結果後，我們對一百五十九種不同的微行為進行統計分析。我們研究了每一次微行為發生的頻率，是否被歸類為正確的領導能力，是否與其他相關微行為存在關聯，是否能預測出領導者的成功表現，以及我們的評估員是否認同微行為的有效性。透過這些統計分析，剔除了八十個不滿足所有這些預設標準的微行為，最終保留七十九項微行為，這些行為構成了二十二個核心的領導技能。

隨著微行為清單的完成，發展領導者習慣公式的下一步是為微行為設計簡單的練習，使任何人都能輕易地將它們變成習慣。「習慣循環」決定了練習是需要將每個微行為與提示、獎勵配對，為了使練習者能有效地形成習慣，每一個微行為都必須與自然提示配對。這意味著我們在選擇自己的「提示—行為」配對時必須小心。幸運的是，透過研究，我們已經找出更有效的行為提示所具備的特徵。

有效的行為提示

你可能和這種朋友一起看過電影，在電影結束之前，他就把一整桶爆米花吃光了。毫無疑問，他喜歡這種口味，但很有可能他在電影院裡吃爆米花是習慣的結果，而不是出於對零食的真正熱愛。你是否曾見過他在加油站買過爆米花或在聖誕派對上吃爆米花？可能沒有。事實上，大多數人在電影裡吃爆米花是因為他們在看電影。

杜克大學（Duke University）的研究人員設計了一項實驗，想測驗看電影的人在電影院吃爆米花是因為有意識地想吃爆米花，還是純粹出於習慣。他們推斷新鮮的爆米花比放了七天的不新鮮爆米花味道好得多（當然是如此）。如果參與者在電影院裡吃下和新鮮爆米花一樣多的陳年爆米花，那麼他們一定是出於習慣而不是因為陳年爆米花味道好。研究人員邀請兩組學生在電影院觀看即將上映的電影預告片。一組提供的是新鮮爆米花，另一組是放置七天的爆米花。當學生們離開時，研究人員秤量桶裡剩餘的爆米花，看看他們吃了多少。結果顯示，不管爆米花是新鮮還是不新鮮，學生們吃的量是一樣的[8]。因此，看電影的人吃爆米花是出於習慣，而不是因為爆米花好吃。

但是如果改變實驗設定呢？學生們還會吃同樣多不好吃、不新鮮的爆米花嗎？在後續的實驗中，研究人員將實驗地點改為校園會議室。學生們這次看的不是預告片，而是音樂影片。在不同的環境下，是否仍會促使觀看者習慣性地選擇吃不新鮮的爆米花呢？答案是否定的。當場景從電影院變成校園會議室時，學生們吃不新鮮爆米花的分量要少得多（食量與非習慣性食用者相類似）。

電影院本身就是吃爆米花的一個強烈自然提示。昏暗的房間、電影院的座位和超大螢幕，很自然地誘導提醒我們去吃爆米花。這些提示自然地融入環境中，也就是說，它們存在於行為發生的相同環境[9]。

與之對應的是人工（artificial）提示，就是你自己設定的提示。例如，在電腦上貼一張便條紙，或者在手機上設置鬧鐘。當人們想要記住做某件事時，他們通常會設置一個人工提示。在養成習慣的初期，你可能需要「提醒」來幫助你做持續的練習，人工提示或許是有用的，但從長遠來看，它們並不能一直奏效。考慮到你現在已經知道「習慣是對特定提示所做出的自動行為反應」，以下的事實應該不會讓人驚訝：如果和行為配對的提示沒有與行為本身出現在相同情境裡，你就別指望這個提示能在正確時間或正確情形下觸發相應的行為。當人工提示消失時（比如電腦上貼的便條紙掉下來、你忘記設鬧鐘了）會發生什麼？新的行為會隨之消失。因此，如果你想建立一個新習慣，必須尋找一個自然發生的、嵌入式的提示來配對。

想像一下，如果我讓你看完整本書，要求你在所有提及哺乳動物或可移動物體的內容下畫橫線。現在假設我讓你的朋友也瀏覽整本書，要求他在「她」（she）這個詞下面畫橫線。你認為誰會更容易養成這種習慣？你還是你的朋友？在挪威特羅姆瑟大學（Universitetet i Tromsø Romssa universitehta）的一項實驗中，參與者被要求完成上述的任務。一組在書中「她」這個單詞畫線，另一組在同本書中對出現「哺乳動物」或「可移動物體」的地方畫線。結果非常明確，找出「她」這個詞的那一組，比另一組的習慣養成更快[10]。

不易發現的提示很難發展成自動化行為，形成習慣的可能性也不大。在上述實驗中，作為提示的「她」一詞，簡單、具體、容易識別；而另一個提示「哺乳動物或可移動的物體」卻十分模糊，抽象又複雜。請記住，大腦正在試圖簡化它的思維模式，即簡化提示和行為配對的思維模式。如果提示複雜且難以識別，那麼你的大腦就必須花費更多精力識別出提示的各種變體，想要抵達自動化和習慣的旅程終點，將需要更長的時間。

猶他州鹽湖城的警官雷斯特・法斯沃思・索斯（Lester Farnsworth Wire）在一九一二年設計第一款交通號誌燈時，肯定知道顯而易見的提示才具有好的效果[11]。綠色和紅色在色輪上是相互對立的，這就使對比變得簡單明瞭。試想一下，如果定義橙色表示「前行」狀態，紅色表示「停止」狀態，會發生多少起事故。因為紅燈和綠燈之間的對比很明顯，你的大腦很容易將「前行」的行為與綠燈連結起來，將「停止」的行為與紅燈連結起來。

同樣地，一個好的提示必須是獨一無二的（unique），它不應該與已經存在的其他行為有關聯[12]。這只是前面提及的獨立化特徵的另一個說法，當只有行為與唯一的提示相配對時，行為才能更快變成習慣。因此，從另一方面來說，如果你想為一個新的行為確定相對應的提示，不要選擇已經和另一個習慣配對的提示。在這種情況下，你實際上可以使用現有習慣的結束作為對新行為的提示（我將在第四章討論如何創造行為鏈）。

什麼是好的提示呢？一個好提示應該自然地嵌入到你希望發生行為的情境中；它必須簡單、具體、明顯，而且獨一無二。幸運的是，有一種特殊類型的提示符合所有這些標準，而且顯著加快了形成習慣的過程。這類提示就是特定事件或特定任務的結束[13]。以下是一些例子：早上開啟電腦後、你吃完早餐後、你用完午餐後、讀完電子郵件後、在你煮好咖啡後、在你拿起電話後、在你意識到你需要做決定之後、會議結束後及問候同事之後……。我想你應該懂了。

領導者的習慣公式就是基於事件的提示。在為領導力微行為設計五分鐘練習時，我的研究團隊確定了：在每個行為之前，可能會自然出現的任務和事件。從這些自然發生的提示中，我們確保每一組的行為與提示的對應都是獨一無二的。僅使用「自然發生、以事件為基礎」的提示為行為配對的另一個好處是，所有練習都沿用這一個相同的格式，也就是說在事件或任務完成之後，你將能做出某個微行為，簡單易記。

當然，即使有了領導習慣公式所提供的簡單練習和獨特提示，將你期望的領導力微行為轉變為習慣的唯一途徑，就是透過刻意的練習。所以，你自然會想，這需要多少練習呢？

練習、練習，再練習

我最喜歡的喬伊．亞當斯（Joey Adams）有句名言：「願你所有的煩惱都像你的新年決心一樣長久。」我們都試圖在新年時開始新的習慣，減肥是最受歡迎的願望之一。根據數字顯示，每年有超過四千五百萬美國人的新年決心是減肥。其結果是，每年有超過六百億美元的花費用於購買健身房會員資格、減肥書籍和健身影片[14]。但是很少有人能把自己的健身和減肥計畫轉變成習慣，平均到二月的第二週，新健身會員人數會減少八〇%[15]。

新年決心失敗的原因有很多，其中之一是人們堅持的時間不夠長，無法形成習慣。

普遍流行的說法是：養成一個新習慣需要二十一天。這是基於整形外科醫師麥斯威爾・馬爾茲博士（Maxwell Maltz, M.D.）一九六〇年的說法，意即人們需要「至少二十一天」來適應手術帶來的改變，比如整容手術或截肢手術[16]。然而，習慣你的新形象和養成慢跑的習慣是完全不同的兩個概念。

一個行為要多久才能轉變成習慣？

研究顯示，正確答案是普遍說法的三倍多，平均為六十六天[17]。在這項研究中，大學生們選擇了一種想要實現的習慣，或者是健康的飲食習慣、飲酒習慣或鍛鍊習慣。學生們可自由選擇他們的行為，只要不是自己已經養成的習慣或行為，這很簡單，他們都選擇了一個能引發行為的明顯提示。其中，有的人選擇在午餐時吃一片水果或喝一杯水，也有選擇在晚餐前跑十五分鐘的。每天，學生們記錄他們是否完成了相應行為，以及他們是否在有意識思考的情況下做出該行為。學生們平均花了六十六天的時間，才達到無需思考自動做出行為的狀態，這就是我建議作為每個領導者習慣的最低練習天數。

值得注意的是，六十六天的時間範圍是一個平均值。有些人養成習慣的速度更快，而有些人則需要更長的時間。同樣地，有些習慣的養成要比其他習慣花費更長的時間，哪怕其行為簡單獨立，並且已經與一個好的提示配對。出於這些原因，我建議最好不要用限定的時間長度來框定習慣的養成，而是以目標行為是否可以達到自動化為準。達成自動化時，習慣就形成了，反之則沒有。這可能需要幾天或四十五天，或正好六十六天，或可能需要一百天。只要你真正養成這個習慣，那麼養成這個習慣所需要的確切時間就不重要了，重要的是你要理解習慣養成的循環，並據此設定你的期望。領導者習慣公式將統計的平均值六十六天作為指導基準，並提醒你需要大量練習，時間所需長度要比習慣養成的普遍說法長得多。記住，只有在過度學習階段才會產生自動化，因此在你覺得已經掌握了新行為之後，依然要持續練習。如果你不確定你的習慣是否已經完全形成，請在圖2-1中仔細檢查一下自動化清單。

不要忘記獎勵因素

前面提過史金納實驗中養成奇怪習慣的鴿子，如果你還記得這段描述，那麼你可能已經注意到，領導者習慣公式還需要最後一個要素來完成——獎勵。

正如史金納的鴿子所證明的，獎勵是習慣循環的一個重要組成部分。如果獎勵足夠充足，其本身就可以形成一個習慣。例如，像海洛因等鴉片類藥物，本身提供了幾種強大的獎勵回報：它們能減輕疼痛和焦慮，最開始還會在下腹產生一種類似性高潮的溫熱感。在越南戰爭期間，大約有一半的美國士兵吸食鴉片或海洛因，其中二〇%成為定期吸食者[18]。對這些士兵來說，鴉片類藥物所帶來的刺激獎勵，足以使其發展成為一種習慣。雖然毒品是一個極端的例子，但某些類型的獎勵比其他類型的獎勵刺激更強烈，而更強烈的獎勵可以加速習慣養成，這個假設並沒有錯。事實上，在領導習慣方面有一種特殊的獎勵方式尤其有效，稍後你就會看到。

研究人員用樂高積木做一個巧妙的實驗，研究人們如何對不同類型的獎勵做出反

圖2-1　自動化清單

這是一種檢查你正在練習的行為是否已達到自動化的方法：

- □ 每次提示出現時，是否可以連貫地做出相應的行為？
- □ 你是否在沒有思考的情況下、或不需要提醒自己去做的情況下做出這種行為？
- □ 你是否意識到，自己在做出該行為時並非刻意開始？
- □ 該行為是否是你一看到提示就立即做出的（在幾秒內）？
- □ 你是否在二到三個月內針對同一個提示的反應行為持續做練習？
- □ 在被提示後，你是否需要刻意努力才能停止做出該行為？
- □ 你今天完成該行為的效率，是否比你剛開始的時候更高？

以上這些問題，你的肯定回答越多，你就越接近習慣養成的狀態。
有疑問時，請堅持練習。

應。在這個實驗中，參與者被分成兩組，他們的任務是組裝樂高，拼裝得越多獲得的金錢回報會越少。參與者第一次完成樂高組裝時得到的金錢獎勵最多，之後每一次組裝隨次數增加金錢逐漸減少。在第一組中，每當有人完成一個樂高組裝時，這個組裝的圖形就被安全地放在桌子下展示。但在第二組中，每當有人完成一個樂高組裝時，研究人員就會在參與者眼前立即將它拆解。兩組人在每個組裝任務上得到的金錢回報都是一樣的。哪一組會不重視獎勵而首先選擇放棄呢？

儘管兩組獲得的金錢回報是相

同的，但第二組比第一組還早放棄組裝樂高。這個實驗強調的是內在獎勵（intrinsic reward）的重要性[19]。內在獎勵比外在獎勵更強大，因為外在獎勵對人們來說很快就會失去價值。

外在獎勵是有形、實體的東西，是你在做某事時得到的東西，例如獎品、獎章或證書。在樂高實驗的例子中，外部獎勵是參與者因每個組裝所得到的金錢。

內在獎勵是無形的，比如個人滿足感或成就感。在樂高實驗中，那些展示了自己作品的參與者，會因為自己的組裝作品被認可而獲得內在獎勵。內在獎勵比外在獎勵（金錢）更有力量，它能激勵團隊去接受更長時間地工作。對第二組來說，僅靠外在獎勵本身不足以激勵他們。在這兩組樂高組裝的例子中，以及在其他大多數情況下，人們更關心的都是內在獎勵[20]。

大多數習慣養成的失敗之處是「選擇了錯誤的獎勵類型」。當人們下定決心開始鍛鍊或節食時，他們往往會選擇一種外在獎勵——用錢犒賞自己、去度假、或者看重朋友的讚揚和認可。但正如我們在樂高實驗中看到的，那些外在獎勵很快就失去價值，人們選擇放棄。相反的，內在獎勵不會失去價值。這就是為什麼內在獎勵作為習慣循環的一部分如此有效，以及為什麼將之納入領導習慣公式。

內在獎勵的關鍵在於你從行為中獲得滿足感。行為本身讓你感到滿足，所以你本能地想要去做。那麼，如何找到一種促進你習慣養成行為的內在獎勵，尤其是在培養領導者習慣的背景下？

當你發現做出的領導行為對自己產生內在獎勵時，你必須開始把日常行為看成是個性的表現。如果你是性格外向的人，那麼和同事相處互動就是一種獎勵，因為你能從別人身上獲得能量。但如果你是內向的人，情況恰恰相反，社交活動會從你身上吸取能量。對內向的人來說，與他人交流並不屬於內在獎勵。你的個性決定了哪些行為對你來說有內在獎勵，符合你個性的行事方式本身就是一種內在的滿足。

一九七七年，研究人員驗證了這個觀念，就是人們可從表達自我個性的工作中獲得更多滿足感。研究員透過一份性格問卷，收集了十位職務不同的海軍人員的工作抱負。根據海軍所需的正規訓練數量來定性分類，將十項工作分別歸類為「有挑戰性」和「沒有挑戰性」兩大類。可以說，越具有挑戰性的工作，越需要正規培訓。具有挑戰性的工作包括雷達維護和降落傘操作，沒有挑戰性的工作包括非技術維護和倉庫管理。研究人員隨後對參與者進行評估，以確定哪些人從工作中獲得了更多的滿足感，以及有抱負的人更傾向於從事有挑戰性的工作還是非挑戰性的工作。

實驗結果證實，人們從「可表達自我個性」的工作中獲得更多的滿足感。抱負高遠的海軍人員在有挑戰性的工作中獲得更高的滿意度[21]。具挑戰性的工作提供了更豐富的多樣性和學習機會，並且也需要許多不同的技能來應對。有抱負的人熱愛競爭，被成就所激勵，而具有挑戰性的工作直接反應出他們的偏好，他們從中獲得內在獎勵，因此對工作的整體滿意度也更高。

與我們個性相一致的行為，更有可能成為習慣，因為我們在做出這些行為時會自然獲得滿足感，這就是內在獎勵的力量，即獎勵存在於行為中。領導習慣公式旨在幫助你運用內在獎勵：當你決定將哪些微行為發展成習慣時，最好選擇與你個性一致的習慣（你將在第三章學習如何做到這一點）。

組合微行為

習慣力量巨大。一旦一種行為變成習慣，它就會根據提示自動地發生，不需要任何有意識的思考。領導者習慣公式的目的是透過一個有效、高效且易於堅持的過程，幫助你運用這種能力提高領導技能。該公式將二十二項核心領導技能分解為構成它的微行為，並為每一項微行為提供簡單、有針對性的練習（參見第三部分關於領導技能、微行為和完整的領導習慣練習）。這些練習分解成每天五分鐘訓練，是專門針對習慣養成而設計。每個微行為都伴隨著一個自然發生的提示，而且這個提示可能已經是你日常工作的一部分，領導者公式使用內在獎勵來完成整個習慣週期的建立。經過六十六天的刻意練習，你應該發現微行為已經變成自動化——它已經成為一種習慣。然後你選擇一個新的微行為並重複這個過程。你在這個過程中養成的領導者習慣越多，你的領導力技能就會越好。

Part 2

建立你的領導技能

Chapter 3

如何持續練習

彭志洋（Tristan Pang）從外表來看是個普通的十五歲紐西蘭男孩。和他的許多朋友一樣，他還在上學，有很多興趣愛好，比如喜歡彈鋼琴，在當地俱樂部游泳。但是和他同齡的人還在上高中時，彭志洋正在奧克蘭大學學習。他兩歲時開始閱讀小說和非小說作品，學習高中數學內容。十一歲時他在劍橋大學國際考試（相當於美國高中高年級程度）中得到最高成績。同年，彭志洋成為紐西蘭最年輕的TED青年（TEDxYouth）會議演講嘉賓[1]。

彭志洋突出的教育成就，來自於大量練習的結果。當他的同齡人仍遵循學校課程體系時，他跳出人為規定的界限，選擇繼續獨立學習。在數學方面，他學習了從一年級到十三年級（相當於美國中小學課程）的代數、幾何和統計學。在家學習時，他先一口氣讀完十三本關於代數的書，接著看十三本關於幾何的書，如此重複著[2]。

你在童年時，可能想盡量遠離學習，肯定不想把空閒時間花在學習數學上。是什麼讓彭志洋如此喜歡學習數學，他是從哪裡得到學習數學的動力呢？

他在TED演講「探索樂趣無趣，不妨多管閒事」（Quest is fun, be nosey）中說出了自己勤於數學、物理和化學等學科學習的答案。對他來說，這些學科並不枯燥乏味，相反地，他覺得它們既有趣又刺激。學科難度越高，他就越能從掌握這門學科的過程中獲得滿足感。「這是我的激情所在，也是我的天性，我就是充滿了好奇心。」從一開始，他就對所有學科都充滿熱情，想要探索更多內容。對彭志洋來說，探索科學類主題「就像在玩拼圖遊戲，是充滿挑戰和樂趣的。我通常會一小時又一小時地沉迷其中，絲毫意識不到時間的飛逝，直到媽媽要求我停下來。」[3]

對彭志洋和其他許多有天賦的孩子來說，練習他們感興趣的主題是很自然且很有趣的事情。他們的父母和老師沒有強迫他們練習，孩子們也沒有強迫自己去練習，但他們從練習中獲得的極大滿足感，讓他們自己根本停不下來。

進入「心流」

心理學家將彭志洋在學習數學或物理時所經歷的狀態定為「心流」（Flow），這一術語最早是由米哈里・契克森米哈伊（Mihály Csíkszentmihályi）所提出[4]。心流，就是通常說的「專心致志」，特點是你完全沉浸在某項活動中而忘記其他一切事物，活動本身對你來說就是內在獎勵。所有干擾都消失了，你不會感到饑餓、無聊或壓力，你不會注意到時間的流逝，你所有注意力都集中在手頭的任務上。契克森米哈伊在二〇〇四年的TED演講「心流，快樂幸福的祕訣」（Flow, the Secret to Happiness），他將這種經歷描述為一種專注的狀態，這種狀態會為內心帶來「陶醉感」和「純淨感」，在此狀態中：「你確切地知道從一個時刻到另一個時刻你想做什麼。」[5]在一個相關的例子中，紀錄片導演昂迪・蒂莫納（Ondi Timoner）描述她在剪輯電影時的感受：「這是一種超然的感覺，就好像我必須用最快的速度，在身體上傳達和表現在我身上竄流的思想和連結。在思想的拼圖碎片各就各位時，我似乎成了它們的一個通道。」[6]

「心流」的概念貫穿人類歷史和文化。例如，在日本武術中，這種不費吹灰之力的警惕之詞是「ざんしん」（殘心），字面意思是「不半途而廢的心[7]」。從公元前四世紀的中國哲學家莊子的敘述中，我們可以看到一個屠夫正在肢解一頭牛：

> 在他手所接觸的地方，肩所靠著的地方，腳所踩著的地方，膝所頂著的地方，都發出皮骨相離聲，進刀時發出「霍」的響聲，這些聲音沒有不合乎音律的，合乎《桑林》舞樂的節拍，又合乎《經首》樂曲的節奏。[8]

最近，在正向心理學（Positive Psychology）領域的基礎研究成果中，契克森米哈伊和他的同事們收集了經常有「心流」體驗的人他們的日誌和訪談記錄[9]。從這些敘述中，契克森米哈伊發現一個前後一致的敘述：除了人們並未意識到自己未曾分心、以及時間飛逝之外，他們因為太過於沉浸於自己的行為，專注到行為本身不費吹灰之力。經常有「心流」體驗的人指出，這讓他們更深入地投入自己的激情中，幫助他們在自己的領域變得更熟練、更有見識，最終使他們在職業生涯中獲得更大的成功。不同背景、不同學科的人都有同樣的經歷，從幫派成員到牧羊者，這說明每個人都可以在自己熱愛的領域體驗到「心流」。

記住剛剛說的最後一部分：任何人都可以在自己熱愛的領域體驗到「心流」。雖然在完成諸如洗碗或摺衣服的日常任務時可以體驗到心流，但人們通常是在追求自己喜歡的東西時，實現「心流」的狀態。這種愉悅感是一種內在獎勵，是實現心流的關鍵之一。

我並不是說你需要在每天做五分鐘領導習慣練習的同時實現「心流」，儘管你確實有可能達到這種境界：在練習自己特別喜歡的某種領導技能時，確實會引發「心流」。如果你達到這種狀態，這很好；如果沒有，也別擔心。需要理解的重點是，心流是專注和刻意練習的一種極端表現形式，它依靠內在獎勵的力量來實現，你可以借助同樣的內在獎勵力量，來幫助你堅持自己的每日練習。簡單地說：如果你喜歡做某事，你更有可能繼續做下去。所以，如果你想成功地將領導技能轉化成習慣，那麼你需要選擇你喜歡練習的技能。這表示要找出與你的行為相匹配的技能，而這些行為在內在或本質上令你滿意，你的行為將表達出你的個性。

你很難成為一個根本不是你自己的人

為了確定你能從領導技能的練習中獲得內在滿足感，你必須先理解人格特質（personality traits）的概念。這個概念的核心是一個並不新鮮的問題：你在任何情況下都是如此做的嗎？還是你會根據周圍的環境和人而改變你的行為？

假設你正在鄰居家參加一個晚宴，她們是一對女同性戀。山姆又高又壯，留著短髮，她不僅在外表上看似占主導權，而且在講話中也占主導地位。她控制著整場談話，明確示意自己想討論的話題，自信地陳述自己的觀點。相反地，她的妻子辛迪身材苗條、金髮碧眼、衣著華麗，外表非常具有女性氣質。她的舉止溫和、討人喜歡、令人愉快、謙恭順從。兩個女人都坐在你的對面，你和她們在晚餐中隨意地聊天。你的行為是否會因與你交談的對象不同而改變？和山姆說話時你會變得更順從嗎？和辛迪說話時你變得更強勢了嗎？

芬蘭赫爾辛基大學（University of Helsinki）的研究人員基於類似的假設，設計出一個巧妙的實驗，研究在不同情況下，人們的行為在多大程度上能保持不變。他們訓練四位演員扮演不同的角色：一位扮演主導支配型、一位扮演順從謙恭型、另一位保持溫和、最後一位能言善辯。這四位演員分別坐在裝有攝影機的房間裡。研究人員讓參與實驗的學生們從一個房間到另一個房間，隨機討論一個話題五分鐘，讓每位學生與每位演員互動。他們的互動會被錄影，研究人員以此觀察並為學生們在四種不同情況下的行為評分。學生們是否因為與哪位演員互動而變得更強勢或更順從？面對溫和以及好辯的演員時，他們對哪位更友好？

結果顯示，不管他們在與哪位演員交談，學生們的行為在前一次談話和下一次談話中基本上一致。事實上，學生行為中有四二%的行為是一致的，只有四%的行為變化是由不同環境所造成[10]。剩下五四%的行為是隨機的；也就是說，他們的行為受到實驗環境無法系統解釋的因素所影響。我們可以從這個研究中得出結論：人們大部分的行為在不同情況下是一致的，但這不是決定性的。事實上，觀察到的行為中，超過半數是隨機的，這對於「有意識的操作」和「自由意志」留下很大的空間。因為性格會影響你的日常行為，所以你往往在不同的情況下能保持行為的一致性。這些一致的行為模式是內在獎勵的來源之一——做自己感覺很好、自然而然會去做的事情。

在不同的環境和不同的人周圍，我們的大部分行為仍然保持一致，這點是人格特質概念的核心內容。你可以把人格特質看作「定義你是誰」的一種穩定行為模式：有些人內向、有些人外向；有些人友善、有些人善辯；有些是有組織的、有些是渙散的。人格特質是由基因所決定，在一生中基本上是不會改變。我們常常沒有意識到人格特質對自己的強大影響力，因為就如同習慣一樣，人格特質產生的行為模式也是無意識的。

當我們按照自己的人格特質行事時，會感到行為的自然和輕鬆。如果我們想要表現出和性格不一致的行為也並無不可，比如內向者可以表現得像外向者，隨和的人可以開始爭論，但要做出和自己個性特質不一致的行為，需要刻意的努力，並且難以持續，正如接下來的研究中所做的證明。

維吉尼亞大學（University of Virginia）的研究人員要做的研究是：當人們的行為與自己的人格特質相違背時，會發生什麼事情。在實驗中，研究人員基於性格表現的不同將本科生分成兩組：善於表達和不善於表達。在善於表達組中，有一些特質使他們能夠以活潑、生動、戲劇化的方式行事。在不善表達組中，人們則傾向於無情緒化、平淡的行為。參與實驗的學生被要求在影片中陳述他們對一個爭議話題的看法，但是有一個轉折：善於表達的學生被要求表現得克制，而不善表達的學生被要求表現得活潑。第三組學生觀看這些影片並為參與的學生打分數。

評分彙總後的結果顯示，善於表達的學生總是被評為比不善表達的學生更有活力，即便他們試圖表現出抑制感，而不善表達的學生總是被評為比善於表達的學生更壓抑，即便他們試圖表現出善於表達的模樣。評分的學生不會被那些試圖違背自己天性的學生所愚弄，評分者總是認為有表現力的學生比無表現力的學生更有活力。研究人員得出的結論是，人們很難從他們的自然傾向中改變自己的行為[11]。即使人們設法改變自己的行為，也永遠不會達到那種自然做出某行為的狀態。換句話說，你很難成為一個根本不是你自己的人！

六大人格特質

早期的心理學家發現，當人們的行為舉止在大多時候表現出一致時，他們才會意識到，每個人都必須看清自己和他人的人格特質。既然我們用語言來描述所看到的內容，那麼人類所有的性格特徵，肯定都能在人類語言中得到體現。因此，我們對人格特質的研究最早始於查閱英語詞典，挑出所有用來描述人們的詞彙：友善的、善辯的、有組織的、情緒化的等等[12]。

正如你可以想像到的，英語中有數百個描述人的詞彙。這樣一長串的人格特質很難管理，更難以一種有用的方式來應用，所以研究人員尋找方法將列表範圍縮小為一組基本屬性。透過使用因子分析的統計技術，發現這些詞中有很多具有相同的意義，並且在統計上相關。因子分析顯示了六類基本人格特質：有好奇心（Curious）、有組織性（Organized）、有關懷心（Caring）、性格外向（Outgoing）、有抱負心（Ambitious）、有適應力（Resilient）[13]。

核心特徵很容易記住——只要聯想縮寫成「可可＋R」（COCOA plus R，即六個人格特質取其英文字首連在一起）就行了。每個人都是這六個特徵的組合，它們共同決定了你的自然行為傾向，包括你喜歡做的事，以及從中得到的內在獎勵。在進一步閱讀前，你要先了解自己在六個特徵的哪個維度中。你可以查看圖3-1中包含的練習，或者可以在www.leaderhabit.com（編注：此為英文網站）免費參加更詳細的領導習慣測試。（如果在網上參加免費的領導習慣測試，還能獲得二十二項領導技能的排名。這個排名將幫助你在第五章建立領導習慣練習計畫中選擇一項技能。）

當你看自己的性格評測結果時，會發現在某些特徵上得分高、在其他特徵上得分

圖3-1　你的個性是什麼？

表格中是人們行為的描述。每句描述都有五種準確度選項，請圈出你認為最貼近你的相應數字。描述你現在的樣子，而不是你未來希望的樣子。誠實地描述你眼中的自己──沒有正確或錯誤的答案。請仔細閱讀每句話，然後圈出適當的選項。

我認為自己	完全不像	有點像	不確定	比較像	非常像
心胸開闊、好奇、有創造力	1	2	3	4	5
值得信任、有組織性、守時	1	2	3	4	5
溫和、關心他人、有同情心	1	2	3	4	5
友好、外向、不害羞	1	2	3	4	5
上進、有抱負、果斷	1	2	3	4	5
平和、適應力強、不容易有壓力	1	2	3	4	5

每組詞語中間的那個詞，代表了描繪這組詞的性格特徵。例如，「心胸開闊、好奇、有創造力」這一組，描繪詞就是指「好奇心」這一特質。如果你在這個特徵詞上圈了1或2，則顯示特徵值並不高，但如果你圈選4或5，你在該詞的特徵值就較高。而如果特徵值是3，則表示你反應的靈活性很高，可以很容易地在與你行為的符合度高或低之間浮動。

低。這是正常的，也是預料之中。你所擁有的幾種不同性格特徵加在一起，不能說你是好或不好——只能說你就是這樣的人。心理學家認為每個特徵都是一個從低到高的連續體。你越接近連續體的中間，你在該特徵表現上通常就越有彈性。與生活中的任何事物一樣，當一個人在特定特徵的連續體表現上過低或過高時，可能會導致有害的負面行為，這是需要注意的極端情況。

確認人格特質的主要目的，是要幫助你確認哪些領導技能對你來說可以自然習得，並且會有內在獎勵。記住，對形成習慣來說，內在獎勵比外在獎勵更有效，因為內在獎勵不會失去價值，人們總是樂意去做順自己心意的事情。此外，與你人格特質相匹配的技能不僅僅具有內在回饋，而且需要付出的努力會更少，你將在後面內容看到這一點，它是讓你堅持練習下去的關鍵因素之一。所以，重要的是要先深入了解你的人格特質，找到你想要獲得的領導技能，這樣就能更容易地把它們變成習慣。

接下來，我將說明六種人格特質並強調它們會對領導技能產生的影響。在第三部分中，可以看到更多關於這六種人格特質與二十二種領導技能之間的細節。

有好奇心（Curious）

有好奇心的領導者是強大的戰略家和高瞻遠矚的人，他們提倡創新和變革。他們喜歡解決複雜的問題和制訂不同的業務方案。好奇心得分高的領導者，往往是有創造力、有智慧的類型。他們會花時間思考問題，經常注意別人沒注意到的事。因此，毫無疑問，在所有的人格特質中，好奇心與解決問題的能力有著最強的關係[14]。在好奇心分數高的人，會很自然地學習分析訊息和思考解決方案的領導技能。

在好奇心方面得分高的人，天生就有善於創新和運用戰略思維的傾向。在研究中，好奇心的人格特質與以下行為表現有著緊密連結，比如提供關於新的、不同的做事思維、討論新的想法、鼓勵順著新思維思考、嘗試新的做事方式，以及看到事情的可能性而非問題[15]。因此，好奇心方面的高分者自然具有「創新」這種領導技能。

在好奇心方面得分過高的領導者，會被認為是抽象、理想主義以及過於概念性的。他們可能把太多時間花在思考和斟酌自己的想法上，以至於他們最後無法做出決定。他們也可能會努力使自己的想法變得實際。

好奇心方面分數低的領導者更實際、更具體，是更傾向於線性的思考者。儘管他們可能被視為不太有戰略眼光，但他們在決策過程中往往是理性而務實的。因此，好奇心分數不高的人，能很自然地擁有類似「能做出正確決定」和「管理優先順序」的領導技能，因為他們不會花太多時間去思考無關的訊息，也不會迷失在自己的思考中。好奇心分數過低的領導者往往會抵制創新，不願改變或冒險。

有組織性（Organized）

有組織性的領導能做好周密的計畫，遵守規則，按時完成任務。他們喜歡建構框架、預設流程，會自然而然地往創造生活的「可預見性」去推動。與其他特質相比，有組織性這一性格特徵，與領導能力中「為自己和他人規劃、組織工作」之間的關係最為緊密[16]。該特徵高分者的特點是有條理、系統化，既勤奮又可靠。他們在生活的大部分方面都有自己的計畫和程序，能夠盡力提前考慮到不可預見的挫折，他們的計畫常常一帆風順。有組織性得分很高的人，自然會有例如像擅長計畫、組織工作、以及管理優先事項等的領導技能。

除了設定清晰的目標和細心規劃等領導技能外，有組織性的性格特質還表現出與

「分析技能」（如分析訊息和決策前的思考）具有密切的關係[17]。有組織的領導者更傾向線性思維，他們傾向於在決策過程中遵循更系統化的路徑。因此，該項特質的高分者，自然會擁有「想出解決方案和做出正確決策」的領導技能。

但過於有組織的領導者可能會嚴厲僵化、控制慾強、完美主義、厭惡風險。他們可能會錯過與自己的計畫背道而馳的新機會，因為他們缺乏彈性。他們嚴格遵守計畫表或流程進度，當出現小問題或事情沒有按原計畫進行時，他們會做出消極反應。如果你因自己的計畫遭遇障礙受挫而感到痛苦，你可能是一個過於有條理的人。

條理性差一些的領導者會更靈活，對不確定性有更高的包容度。該項特質得分低的人更容易具備像「創新」和「授權他人」的領導技能，因為這些技能需要更多的開放性、對不確定有更高的包容度、更高的靈活性和抽象思維。但過於無條理組織的領導者，可能會變得雜亂無章、不可預測、缺乏細節導向且分散無組織。

有關懷心（Caring）

有關懷心的領導者重視合作，並與團隊相處融洽。他們本能地理解他人的需求，並欣然提供支持。在關懷心方面得分高的領導者有洞察力、支持力、同理心和合作精神。在研究中，與其他所有特質相比，關懷心表現出與考慮他人相關的行為有最強烈的關係。同樣，在另一項研究中，有關懷心的行為特質與體貼、尊重員工、對工作表示讚賞、為員工挺身而出、傾聽員工想法和建議等行為密切相關[18]。這一項的高分者，很自然地表現出善於關心和傾聽的領導技能。

關懷心方面得分較高者，很自然地擁有與「領導團隊」有關的領導行為。在一項對一百二十六位經理和高階經理人的研究中，有關懷心的特質會表現出與授權他人、支持他人、參與團隊合作和活動等行為之間最緊密的關係[19]。由於他們的關懷行為本質上呈現出的是體貼和支持，所以這一方面的高分者往往天生就擅長培養團隊精神、授權他人，擁有成為導師和教練等職位的領導技能。

但在關心他人方面得分過高的領導者，會有為人「太好」和過於渴望取悅他人的風險。他們想要被人喜歡的想法，可能會對他們的表現產生負面影響，甚至很容易被別人影響並被人利用。他們可能會積極地避免衝突和對抗。

在關懷心方面分數不高的領導者，會被認為是包容和隨和的。但如果他們在關懷他人方面得分過低，他們的行為特點可能是不喜歡合作、過於直接和強硬。有時他們可能會被認為對他人的感情不敏感。

性格外向（Outgoing）

性格外向的領導者很有人格魅力，能夠迅速建立融洽的關係，並且善於溝通。他們喜歡社交和團隊合作。在性格外向方面得分高的領導者有魅力、健談、充滿活力和熱情。因此，他們往往在溝通和影響他人的技能上有天然的優勢。人們通常喜歡傾聽這些充滿活力的人說話，而且更有可能記住他們說過的話。此項得分高者，很自然地具備例如魅力交談、溝通清晰、宣揚願景等領導技能，因為他們天生有表達激情的動力，並能推動他人採取行動。

外向型領導者能很自然地建立人際關係。迷人的人格魅力使他們成為優質的交談對象，而且他們能迅速地與他人建立融洽的關係。在研究中，性格外向的人會表現出個性開朗、誠實友善，進一步提升他們打造良好人際關係的能力[20]。此項得分高者很自然地適合建立戰略關係。

但得分過高的人往往又可能過於健談而不會傾聽別人。在極端情況下，他們可能會給人傲慢、以自我為中心的愛出風頭印象。

外向型性格得分較低的領導者，通常都是沉穩、保守、善於傾聽。因為他們含蓄沉默的性格，使他們更傾向於觀察和傾聽，所以，他們很自然具有像是積極傾聽和高效談判的領導技能。外向性格分數太低的人，通常被認為冷漠、孤僻和說話輕聲細語。這些人在社交場合可能顯得冷漠、尷尬，很難讓他們參與到交談中。

有抱負心（Ambitious）

有抱負心的領導者會做出堅定的決定，並設定他們通常能達到的目標。他們愛好競爭，會受到自己身分的激勵。在抱負心分數高的領導者致力於實現目標，他們通常是整個房間中最大膽的人。他們積極主動、自信、果斷、精力充沛，有說服力、有影響力，這使他們自然地有能力影響他人並領導變革。在研究中，有抱負心表現出與求取進步、喜歡思考未來以及發起新計畫等行為緊密相關[21]，自然地具備了宣揚願景和創造緊迫感的領導技能。

抱負心方面得分高的人，往往有動力和信心做出決策，即使他們缺乏所有必要的訊息，也不會像缺少雄心壯志的人那般常常陷入決策癱瘓中。研究人員發現，抱負心的高低與「在決策中承擔風險，以及在必要時迅速做出決策」的行為密切相關[22]。抱負心方面得分高的人，自然具備可做出正確決策的領導技能。

當領導人過於雄心勃勃時，他們可能會看起來顯得霸道和專橫。在極端情況下，這種過高的雄心壯志，可能導致他們做出高風險的魯莽決策。

在抱負心特質得分低的領導人，大都悠閒、從容、不願承擔責任。他們經常需要努力去營造緊迫感。如果該項得分過低，會被視為處事被動、猶豫不決和優柔寡斷。這些領導者可能經常與決策癱瘓搏鬥，認為需要在做決定之前收集更多訊息。

有適應力（Resilient）

有適應力的領導人能夠堅持克服障礙，在面臨挑戰時仍然保持積極和自信。他們能很好地管理自己的情緒，具有可預測性。在適應力這一特質上得分高的領導者通常平靜、溫和，可在高壓下保持冷靜。研究顯示，相比其他性格特質，適應力與抗壓能力、壓力、阻力、失望和不確定性等特質之間的關係最為緊密[23]。適應力特質的高分者憑藉冷靜平和的舉止，在困境之下將擁有天然的優勢，因此，他們很自然地具備克服個別阻力的領導技巧。同樣地，在談判中，得分高者能夠在壓力下保持冷靜，深思熟慮地找到雙贏的機會，這使他們天生擅長談判協商等領導技巧。

當領導者的適應力分數過高時，他們的言行舉止可能常常會讓別人難以解讀，因此他們會被認為是缺乏情感、難以交流溝通。在某些情況下，這些領導者過於自信，以至於忽視了負面的回饋，並漠視他人的需求。

在適應力特質方面得分較低的領導者，往往對頻繁變化的情緒狀態很敏感。他們缺乏耐心、喜怒無常，容易沮喪洩氣。適應力分數過低的領導者往往會對挫折反應過度，變得容易有壓力、緊張和憂慮。他們可能被視為是不穩定、消極、不可預測，且缺乏自信的人。

練習，少即是多

既然你對自己的人格特質有了一些了解，你應該更能確定哪些領導技能可以給你帶來內在獎勵。這一點很重要，因為當你在建立自己的領導習慣練習計畫時，這些技能與你的個性一致的話，會更容易練習。

正如前面提到的，你是否能堅持長期練習一項技能，直至它轉化為一種習慣，主要取決於兩件事：你發現這項技能的獎勵有多大，以及你練習它需要付出多少努力。一個常見的錯誤是：預先假設你所需要的是高程度的內在獎勵。這種假設忽略了一個事實：即便是內在獎勵最多的活動，也需要有動力去完成它。如果你沒有足夠的動力去做某事，無論你多麼喜歡它，你都不會去做。

我二十出頭時的滑雪經歷就有這種體驗。我喜歡滑雪，這對我來說是很大的內在獎勵，因此冬季的週末，我會在黎明前啟程前往山區。但是在我大學時代，週六一早就要去滑雪有時很困難，特別是前一天晚上與朋友喝了幾杯（或者多喝了幾杯）。不管我多麼喜歡滑雪，偶爾的星期六宿醉會讓我在床上睡到很晚，有幾個星期六我甚至都沒去滑雪。儘管我對這項運動充滿熱愛，但當時我的動力實在太低了。

動力並不是一成不變的，因為毫無疑問，你也有過類似動力，但問題是，通常情況下，什麼時候有或沒有動力是很難預測的。為什麼呢？動力是由我們所做的活動來決定的嗎？我們是否會隨著時間的推移而失去動力？有些人總是比其他人更有動力嗎？巴塞隆納大學（University of Barcelona）的研究人員透過研究人們一天及每天的動力變化來回答這些問題。

在研究中，研究人員要求受雇的成年人隨身攜帶ＰＤＡ，並在為期二十一天的時間裡每天完成六次快速調查。這種方法可以更準確地評估當下的動力，避免讓參與者在事後回憶。調查樣本很多元，參與者來自各種職業，包括郵差、球隊經理、人力資源主管、銀行員、會計師和農民。受訪者在每次調查中都回答同樣的四個問題：你現在正在做什麼活動？它能激勵你多少？你有多大能力做這項活動？這項活動是否讓你更接近個人目標？

研究結果顯示，無論人們正在做什麼類型的活動，他們的動力在一天當中和每天之間都有相當大的波動[24]。因此，活動本身的內在獎勵高低並不重要，在一天的某些時刻，你的動力時高時低。同樣地，在某些天你動力滿滿，某些天意興闌珊，不論你多麼喜歡一項活動或多麼想去做。當你處於疲倦、飢餓或無聊狀態時，都會影響到你的動力高低，引起日常波動。在堅持練習和培養領導習慣上，這種情況意味著什麼？簡單地說，你必須為自己最沒有動力的日子做好計畫，這樣即使你沒有精力去做其他任何事情，你也可以完成練習。

事實證明，堅持練習的最好方法（尤其在你感到疲倦和缺乏動力時）是儘量減少工作量（練習量）。荷蘭馬斯垂克大學（Maastricht University）的研究人員透過研究學生與簡單的電腦遊戲「颶風遊戲」（Hurricane Game）互動中發現了這一點。在颶風遊戲中，玩家需要捕捉一個快速移動的方塊，它會在螢幕上移動，每隔四分之一秒就會出現在另一個地方。玩家緊盯著螢幕等待方塊出現，一旦看到方塊，他們必須在它再次消失前點擊它。這個遊戲需要高度的注意力、專注力和手眼協調能力。遊戲有六個難度級別。隨著難度的增加，方塊變得越來越小，越來越難以辨認。這並不是最令人興奮的電腦遊戲，所以研究人員給學生們的報酬是每次成功點擊方塊就會獲得零點二五美元。然而，學生們並不知道，研究人員感興趣的是這兩者間的關係：遊戲的難度級別與完成該級別所需的動力。換句話說，比起簡單的任務，完成更困難的任務是否需要更高的動力呢？

你可能會表示懷疑，但答案是肯定的。只有二十九%的學生嘗試了最難的關卡，而九十九%的學生都嘗試過最簡單的關卡[25]。當遊戲太難時，很少有學生願意嘗試——他們缺乏嘗試的動力。事實上，一項任務越困難，就越需要更多的動力。當任務太困難時，人們就會放棄，甚至不願嘗試，就像大多數學生沒有嘗試過颶風遊戲最困難的一關一樣。

這就是領導習慣公式使用簡單的練習來養成習慣的原因。透過盡可能簡單的練習，並且每次只練習一項技能，每天一次，付出很少的努力就可以持續保持練習，這意味著即使在你最沒有動力的日子裡，也能夠完成練習，因為領導者習慣公式增加了你在疲勞、壓力、飢餓或失去動力的日子裡練習的機會。

每天只需五分鐘

還記得彭志洋嗎？就是本章開頭提及的天才少年，一直熱愛研究數學和物理。他非常喜歡這些科目，而且他對這些科目的專業程度，讓他遠遠超過大多數同年齡的人。當同齡的人還在上高中時，彭志洋已經在奧克蘭大學上學。除了熱愛數學之外，還有一些特質把彭志洋和同齡的人區別開來，比如在數學和物理方面，他從不拖延。

正如我們從個人經驗所得知，拖延症在學術界是一個嚴重的問題，它影響了七〇%到九五%未能畢業的學生[26]。「明天再做」是我們大多數人在寫作業時經常產生的一種態度。但是拖延會導致很多負面結果，比如在期末考試前填鴨式複習、遲交作業，考試焦慮和低GPA（等級制學業平均成績）。那麼，我們為什麼會拖延呢？

在阿爾伯塔大學（University of Alberta），研究人員想要了解本科生拖延的原因，以及導致他們故意逃避作業和任務的因素。透過對二百六十一名學生的調查，他們發現，最能預測拖延症的，是學生對自己完成學業的信心：不相信自己能完成作業的學生，比那些相信自己能做好的學生更容易拖延[27]，正是因為「認為自己做不完」的這種認知導致人們的拖延。事實上，如果你做的是你自認不擅長的事，將很難讓你感到有動力或興奮。

在某種程度上，每個人都會拖延。除了教育，拖延行為似乎在清理房屋時尤為普遍，至少在我個人的經驗中是如此。你有多少次會對打掃、裝洗碗機、洗衣服或使用吸塵器選擇主動逃避？如果你像我一樣，那麼你也會在打掃房間時敗給拖延症。並不是說我們認為自己無法完成這項工作，我們當然有能力打掃房子。相反，是另一個相關的想法助推了我們的拖延行為：完成這個任務會花費太多時間。一想到要花整個週六做家務就犯愁，我們會想：「我明天就會做。」但當明天來臨的時候，又會想出一長串要做的事情。日復一日，家裡的灰塵和雜物開始變得堆積如山，清理任務變得越來越艱鉅，且需要越來越多的時間，這就更加助推了我們的拖延行為。

在某一時刻，你必須打破這個循環，開始清理，否則你有可能成為一個囤積狂。

但是，當你拖延的時間越長，任務似乎就越難完成時，該如何去做呢？根據我們對拖延症的了解，唯有思維發生改變才能帶來轉變：你必須開始相信清理工作是可控制的，並且不會花太多時間。你必須欺騙大腦，讓它認為任務看起來更簡單輕鬆。

奇普．希思（Chip Heath）和丹．希思（Dan Heath）在他們的著作《改變，好容易》（*Switch: How to change things when change is hard*）中提到家庭整理教練瑪拉．西利，書中介紹了她的「五分鐘房間救援」系統。瑪拉想出了一個絕妙的策略來打破家庭清潔的拖延循環。它是這樣工作的：你選一個房間，把計時器設定五分鐘，然後開始整理。當計時器停止時，你就停下來。很簡單，對吧？不管你的房子有多髒，只打掃五分鐘的動力還是可以找到的。果然，嘗試過這種方法的人不再拖延，花了五分鐘的時間來打掃。更棒的是，當他們注意到自己在這五分鐘內完成了多少任務時，他們會繼續打掃更長的時間。很快地，房子就變得乾淨整潔了[28]。

在颶風遊戲實驗中，當人們認為任務太困難時，大多數人甚至連嘗試都沒有就選擇放棄。而在調查研究本科生的案例中，認為自己並不擅長寫功課的學生會一拖再拖。在這兩個例子中，做事動機都是由人們的想法所決定——也就是他們面對任務的看法。這種概念適用於持續的技能練習和對領導習慣的培養上。為了打破拖延惡性循環，你必須相信（而不是欺騙你的大腦），無論如何，你每天都可以持續練習。

在為領導力習慣公式編寫技能練習的內容時，我和我的團隊受瑪拉的五分鐘拯救房間概念所啟發，特別建構了許多花費五分鐘或少於五分鐘就能完成的練習，好讓日常上班忙碌的成年人相信，自己實際上可以做到這一點。

慢慢來

培養領導技能並將其轉化為習慣，需要一定的時間和持續的練習，但不表示這個過程必然是艱難的。事實恰恰相反，讓你能做到持續練習的祕密就是：使它盡可能地簡單。而這正是領導力習慣公式致力在做的事情。

持續練習最簡單的方法，就是練習那些能為你帶來內在獎勵的技能，想想彭志洋一個小時接著一個小時地持續學習，早在十一歲之前就掌握了十三年的數學課程。這些概念起初往往很難，但彭志洋覺得學習這些東西是一種樂趣，他進入「心流」狀態，在這種狀態下，連續數小時地學習反倒輕鬆愉快。要想了解哪種領導技能對你來說有內在獎勵，可以參考你的性格特徵。做出符合自己個性的行為會讓人覺得愉悅；

練習領導技能也是如此，我們自然而然會去做的事，能使我們感覺很好。

「動力」也是持續練習的重要因素，因為即使是高回報的事情，也得有動力去做才行。記住，不管你是在做什麼，你的動力每天每時每刻都在變化。也請記住，完成任務所需的動力與任務難度成正比，這意味著更困難的任務需要更多的動力，如果任務太難，你根本不會去嘗試。為了盡可能降低動力閾值，領導者習慣的練習都很簡單，而且每次只聚焦一個微行為。

練習的內容不僅簡單，還很簡短。無論多忙，每天都可以抽出五分鐘來做一個簡單的練習。如果能堅持每日進行簡單的練習，就可以養成新的領導技能。而如果你堅持地連續練習某項技能到足夠天數，這個技能就會變成一種習慣。就是這麼簡單。

Chapter 4

從五分鐘練習到全面的技能訓練

當我的鄰居莎賓娜從狗窩裡救出一隻一歲的金毛獵犬麥斯時，她無從得知自己將面對什麼情形。麥斯是莎賓娜搬出父母家後養的第一隻狗，所以她竭盡所能地給狗狗提供你能想像得到的玩具來寵牠。麥斯的寶貝玩具包括一塊橡膠骨頭、尖叫雞、棉繩、毛絨海狸、兔子、網球等等。牠十分喜歡所有的玩具，但莎賓娜很快發現到一個問題：麥斯是個邋遢的室友。當莎賓娜工作的時候，麥斯會自己玩玩具，還把它們扔得到處都是。作為一隻狗，牠從不清理自己的玩具。

莎賓娜受夠了總是在整理麥斯的玩具，於是她決定教這隻狗收拾牠自己的爛攤子。莎賓娜知道麥斯很聰明，她知道狗被訓練後能做出很多意想不到的事情，所以期待麥斯能學會把玩具收好也是合理的。

莎賓娜第一次要求麥斯「清理」，她得到一個拒絕的凝視。麥斯以前從未聽到過這個命令，所以牠坐了下來。第二次牠聽到「清理」的命令時，麥斯試著叫了一聲，然而這不是莎賓娜想要的回應。麥斯也渴望完成工作，但牠不知道工作的具體內容是什麼。

莎賓娜沒有放棄。她明白清理房間裡到處散落的玩具是一項複雜的技能，涉及很多步驟。「去清理」，麥斯必須先找到一個特定的物體（牠的一個玩具，而不是莎賓娜的一隻鞋），然後走到它跟前，把它撿起來，帶到收納箱周邊，然後把它扔進箱子裡。接著麥斯又得從頭開始撿另一個玩具，牠必須重複這個過程，直到所有的玩具都被放進收納箱。莎賓娜清楚，這不是麥斯可以單純透過一次次聽到「清理」的指令就能學會的，這需要採取一種更為審慎的方式。她做了一些關於如何訓練複雜技能的研究，並在YouTube上找到馴狗師帕米拉·強森（Pamela Johnson）的影片[1]，然後她學著訓練麥斯清理牠自己的玩具。

麥斯的「清理」訓練計畫由五項練習組成，莎賓娜按順序一次訓練一項。第一次訓練麥斯一個簡單的行為：撿起和放下物品。莎賓娜遞給麥斯一個玩具，麥斯用嘴咬住，然後莎賓娜等著麥斯把玩具放到地上或她手裡。只要回應正確，麥斯就會得到一個獎勵。幾次重複之後，麥斯掌握住竅門，當有命令的要求時，牠可以很迅速地撿起和放下玩具。這時莎賓娜開始了第二項練習：撿起玩具並放到收納箱。

對於第二項練習，麥斯要練習把自己的玩具撿起並放入收存玩具的收納箱中。莎賓娜在房間的角落放置了一個空箱子，然後帶麥斯走到箱子前。她遞給麥斯一個玩具，讓牠放下來。因為箱子就在那裡，麥斯很容易就可以把玩具扔進箱子。為了確保麥斯能明白動作的意圖是要牠把玩具放入收納箱，莎賓娜在收納箱放了獎勵。麥斯很快意識到，如果把玩具放到箱子裡，就會得到獎勵。不需太久時間，麥斯就開始不斷地把玩具扔進收納箱，現在是時候進行第三項練習。

第三項練習加入一個新的轉折，現在麥斯必須撿起玩具、穿越房間，再放到收納箱裡。箱子還是放在同一個角落，莎賓娜站在房間對面的一角，把玩具遞給麥斯。然後莎賓娜走到收納箱旁，麥斯緊跟其後。當莎賓娜讓牠把玩具扔下去時，麥斯會預料到箱裡有獎勵。於是麥斯學會了帶著玩具穿越房間、扔進收納箱。

在第四項練習中，莎賓娜在房間的不同位置都放了玩具，麥斯的任務是撿起每個玩具，把它帶到房間的另一頭，然後扔進收納箱。莎賓娜會站在一個玩具旁邊，讓麥斯把它撿起來後放到箱子裡。麥斯知道箱子裡有獎勵等著牠，所以牠急切地撿起每一個玩具，然後穿越房間，就像之前練習中學會的那樣。麥斯很快就明白了，牠要把所有不同的玩具都撿起來，然後把它們扔到箱子裡。

最後，在第五項練習中，莎賓娜加入「清理」的命令作為啟動麥斯新行為的提示。麥斯很快就對這個提示做出反應，跑到牠看到的第一個玩具前，撿起後放到箱子裡。一旦設定好提示，訓練就完整了。現在麥斯會按照命令清理自己的玩具了。

領導力技能是一系列微行為的鏈條

透過一系列簡單的練習，莎賓娜成功教會麥斯一連串的複雜行為，即便這對狗來說並非不可能的事情，但難度算是很高。莎賓娜使用的技巧稱為連結，現在應該將它視為領導習慣公式的關鍵部分。這種流行且有效的技巧被用於應用行為分析，用來訓練動物、教導兒童和成人複雜的技能。連結原則簡單直觀：首先，將複雜行為分解成構成它的微行為；然後分別練習每個微行為；最後將各個微行為結合起來，一同構成複雜的技能[2]。

無論你是否意識到，你掌握的許多複雜技能都是透過行為連結來獲得。如果你曾經彈鋼琴，回想一下是如何學會一首新作品。首先，你把曲子分成幾個小部分，然後練習第一部分的右手和左手。一旦你可以單獨演奏這些部分，你就把它們放在一起練習，直到你可以用雙手演奏第一部分。每個部分都重複這個過程，直到能演奏整首曲子。

或者回想一下在學習一項運動的過程，比如網球。你沒有一次學會所有的擊球動作，因為那太難了。所以你先練習正手，再是反手，然後你學會發球，最後在比賽中把所有的擊球動作合在一起。

甚至組裝IKEA家具或樂高玩具也是一種行為連結方式：你可以按照說明的步驟，將複雜的裝配過程分解為一系列簡單的微行為。

為什麼連結是一種行之有效的技巧？因為正如第二章中的跨大西洋潛艇航行模擬中學到的，簡單的行為比複雜的行為更容易轉變為習慣。分別學習每個微行為，然後將它們連結在一起，要比試圖一次就學習整個複雜的微行為要容易得多。大多數人能直觀地理解這一點，因為我們都使用連結的技巧成功學到許多複雜技能，但是領導力發展計畫的標準是期望能立即獲得複雜的領導技能。

在第二章的研究中，我和團隊確定了二十二種最常見的領導技能中所包含的微行為。我們發現能夠妥善委派下屬任務的領導者會有以下行為：（一）交付符合本人技能的項目；（二）在委派任務或專案時，考慮人的利益關係；（三）他們會確認要執行完成的內容，並讓當事人知道如何完成。

為了培養良好的委派技能，必須掌握以上的這些行為並把它們變成習慣。當然，你可以試著一次把它們全部練習一遍，但這與我們學到的——人們能最有效獲得新技能和養成新習慣的方法——背道而馳。就如同莎賓娜試著一次教會麥斯「清理」玩具的所有步驟，或試圖一次從頭到尾學彈貝多芬的鋼琴奏鳴曲全篇。

領導者習慣公式運用「連結」的力量。構成領導技能的每個微行為都搭配五分鐘訓練，你可以分別練習每個微行為，保持適當的練習量，直到成為一種習慣。然後你繼續進行下一個微行為的日常練習，依此類推，直到所有目標行為成為習慣。透過這種方式，你可以學得一個複雜技能，就像由一系列微行為鏈構成的委派技能。這些簡短的練習可以讓你一次只專注於難題的一部分，而不是同時學習複雜技能的所有組成部分，那顯然是更艱鉅的任務。

雖然行為連結簡單有效，但確實有一個缺點：它是一個線性過程，預設了每個微行為都必須一次練習並精通，在開始下一個技能之前，必須精通特定技能的所有微行為。如果只有幾項技能和微行為就能塑造一個更好的領導者，那麼這個缺點就不足為慮，但要記住，這二十二種領導技能是由七十九種微行為構成，平均需要六十六天的時間來練習每一種微行為。表示需要超過十四年的練習，才能把每一個領導技能的微行為都變成一種習慣。誰有那麼多時間？即使你是世界上最專注、最積極的人，也不可能掌握所有二十二項技能。我們需要的是一條捷徑，加速發展你的領導力。

幸運的是，正如查爾斯・杜希格（Charles Duhigg）在他的暢銷書《為什麼我們這樣生活，那樣工作？》（*The Power of Habit*）中討論的，有這麼一條捷徑，當某一個習慣能引發行為變化的連鎖反應，改變生活的許多方面時，就會出現這種捷徑。杜希格稱之為關鍵習慣（keystone habit）[3]。

關鍵習慣的形成

當我第一次見到約翰的時候，他確信自己已經具備成為總裁所需的全部技能。他在管理職位上做了好多年，都很成功，他對他的組織和所有人員都瞭如指掌。在他看來，晉升到最高管理層是理所當然的事。但實際情況並非如此簡單。約翰就像序文提到的急診室護士蘿拉一樣，有個壞習慣拖了他後腿，他並沒有意識到這一點。如果他想成為一名高階經理人，就必須做出重大改變，而正是此時我開始和他一起工作。

約翰的同事和員工描述他是專橫和獨裁的，我很快意識到了原因。當人們向他提出有關專案、計畫和任務的問題時，約翰總是對這些擔憂輕描淡寫或不屑一顧，無論是一對一的談話，或是在會議上，甚至是在家裡。別人對他的計畫抱持的異議，他似乎都不在意。他希望每個人都相信他的判斷，照他說的做，因為他是負責人。

結果，當約翰下達命令時，他的同事、朋友和家人開始變得怨恨他。大多時候，他們會遵從約翰的要求，但他們並沒有充分參與，因為他們覺得約翰要求他們做的事情與他們個人並沒有利害關係。

約翰的專制行為打破了許多關鍵的領導技能。他無法有效地影響他人、克服抗拒、談判協商或指導他人。如果他不改掉這個壞習慣，他永遠不會成為一個有效的領導者。

當我把發展領導力的概念建構成每天五分鐘的簡單練習時，約翰和急診室護士蘿拉一樣抱持懷疑態度，但他同意一試。經過一番深思熟慮後，他決定進行一項練習，幫他養成「詢問別人所關心之事」的習慣。當有人表達出擔憂或不滿時，他要提出一個有針對性的問題：「是什麼讓你擔心這個？」以此來更理解對方的立場。

起初，這個練習對約翰來說很不舒服。他無視或漠視他人提問的習慣已根深蒂固，所以他不得不有意識地阻止自己這樣做。但他發現他能夠做到持續練習，是因為練習本身很簡單（就是問一個問題），他只需要記住每天做一次，並且不需要花很長時間就能完成。果然，大約兩個月後，約翰和他周圍的人開始注意到他行為上的變化：他開始關注大家擔心的問題，而且認真對待。這項簡單練習練得越多，約翰就越是發現，當對方知道自己的擔憂被聽到時，他們的參與程度就越高。他的計畫和想法遇到別人抵觸的次數變得越來越少，員工對工作更加投入，對他也表現出更多尊重，他發現自己在同業管理者中更有影響力。很快地，約翰會主動要他人分享自己的問題，而不是等著別人說出來。他的新習慣形成了。

約翰的新習慣帶來的變化不止於此。詢問別人在擔心什麼，這個簡單的行為助推了其他領導技能的發展——那些他都還沒有刻意練習過的技能。不到一年，約翰被提升到高階經理人職位。在升職後不久，約翰需要給他團隊中一位表現不佳的新主管負面回饋。他對這種情況感到焦慮，因為過去他在處理傳遞負面回饋的部分沒有做得很好。但約翰很快發現這並不重要。當他與表現不佳的主管坐下來交談時，他的新習慣自動占了上風，他一改過去嚴厲、專制的方式，只是簡單地陳述事實，然後問主管對自己的表現有什麼擔憂。

在他意識到之前，約翰已經與主管進行一場有效的指導性談話。這位主管分享了他在新工作的經歷、對自己缺點的理解，以及他認為可以改進的地方。最重要的是，他想出了如何更有效完成工作的好辦法。約翰的新習慣效用拓展到「影響他人」這項技能上，他現在在教導和指導他人做得更好了，儘管他沒有明確地去練習這項技能。

對約翰來說，他從「關心詢問」這項練習學到的行為，成了他的關鍵習慣。一旦該習慣扎根，它就會擴散並改變其他行為，繼而促進其他領導技能的改善提升。約翰很快變得更善於影響他人，能更好地克服他人的抗拒，更妥當地談判和指導他的員工。這些技能也改善了他的友情和家庭關係。所有的一切都是因為一個五分鐘練習為他創造的關鍵習慣。

從五分鐘練習到徹底的轉變

領導習慣公式可以幫助你學習任何新的領導習慣。但是，如果你先使用它來塑造一個關鍵習慣，那麼這個公式會發揮到最大的效用。如果你能養成一個關鍵習慣，它會有助於加速你的領導力培養進程。領導力習慣公式能幫助你：確定哪些習慣可優先選為適合你的關鍵習慣。

為何一個關鍵習慣能引起如此巨大而深遠的變化？心理學家們已經發現關鍵習慣運作的原理。首先，還記得那些總延遲完成作業的大學生們所表現的慢性拖延，以及沒動力去嘗試颶風遊戲最困難關卡的實驗參與者所表現的不情願嗎？學生拖延不做作業和遊戲玩家不願嘗試最難的關卡，是因為他們不相信自己的能力，他們並不認為自己能做好被要求完成的任務。從心理學的角度來看，他們的自我效能（self-efficacy）很低。當人們的自我效能很低的時候，他們的動力也會很低，他們通常會透過「拖延或完全放棄」來避免去做自認為做不到的事情[4]。為了增加他們的動力，必須讓他們開始相信自己實際上能做這些事情——必須使他們的自我效能得到增加。

瑪拉．西利的五分鐘房間救援術讓人們停止拖延，開始清理房屋，而這確實做到了。把家務縮減到每天五分鐘，人們開始相信他們能做到，畢竟，只是五分鐘而已。更重要的是，在他們花了五分鐘的時間進行清潔後，他們意識到自己能在短時間內完成如此多的事情，對自己的能力信心倍增[5]。

同樣地，在幾次領導力習慣練習後，約翰意識到他確實有能力做到這一點：他可以詢問他人所擔憂之事，學會去傾聽和認可這些擔憂。五分鐘練習使他每天都能獲得「小勝利」，也激勵他不斷地練習。這個練習不僅僅是讓大家分享他們的問題，這已經成為約翰建立自我效能的練習。每一次的練習，讓約翰對於自己影響他人的能力更有信心，這也讓他更容易改變自己的其他的行為。

簡單的「關心詢問」練習，成為約翰的關鍵習慣，因為他練習了公開行為——傾聽和承認他人的憂慮——同時也鍛鍊了他的意志力。隨著每天新行為的不斷重複，約翰的意志力越來越強。意識到自己確實可以做到，增強了他的自我效能，而這又給他繼續發展其他領導技能的信心。這個簡單的五分鐘練習，已經引發巨大變化。

這種改變本身並不會單獨發生，習慣要演化為一種關鍵習慣，有幾個必要條件。

練習地點的影響

一九七五年，斯特靈大學（University of Stirling）的研究人員進行了一項著名的心理學實驗。在蘇格蘭港口城鎮奧班附近，他們向位於十英呎水下的潛水員播放一段單字的錄音。潛水員事先被要求試著記住他們聽到的單字。當潛水員出水返回海灘時，研究人員測試他們記憶單字的能力，記錄下每個潛水員記住的單字數量。

對於第二組潛水員，研究人員準備了一個稍微不同的測試。在聽完一列單字之後，潛水員被要求先游一段距離，潛水二十英呎，然後回到原來的水面位置再嘗試回憶單字。兩種情況的重要區別在於，第二組是在水下進行記憶測試而非在沙灘上，他們被要求回憶單字的環境與學習單字的環境相同。

令人驚訝的是，潛水員在水下回憶的單字比在陸地上要多[6]。他們回憶所學知識的能力，受到被要求記憶的地點所影響。當潛水員位於最初學習的環境時，他們會記住更多的單字。一旦上岸，他們就不會記得那麼多了。

這種令人驚訝的效應，其解釋可以追溯到自動化，這也正是導致習慣形成的心理學原理。我們的大腦會在意識不到的情況下自動處理訊息，事實證明，部分的訊息中會隨著記憶而無意識地存儲起來。例如，你的大腦現在會自動分析你所處的空間，以及你閱讀本書的空間。這個過程會自動發生，你無須關注，你的大腦會自動地儲存訊息，明天依然會記得你讀到這章的哪個地方。

作為本章記憶的一部分，你的大腦可以毫不費力地記住相關環境的不同提示。它是黑暗還是光明，溫暖還是寒冷，安靜還是吵鬧？你是一個人還是和其他人一起？你聽到什麼聲音？你看到什麼顏色？這些訊息都存儲在這一刻的記憶中，當你發現自己處於類似的環境中時，這些提示全都會促使大腦中的記憶湧現，帶向你的自覺意識，讓你更容易回憶起來。

這就解釋了為什麼參與實驗的潛水員在水下能記住更多的單字，因為他們聽到和記憶單字的環境是相同的。當他們回到乾燥的陸地上時，大腦在無意識中儲存所有關於單字記憶的環境提示都消失了，所以他們很難記住單字。這種現象被稱為情境效應（context effect），這就是為什麼你很難記住在課堂之外學到的知識。情境效應是關鍵習慣的剋星，因為它們可以限制某個習慣只在一個特定的情形下被觸發，而這與需要發生的情況恰恰相反。

要使一個習慣成為你的關鍵習慣，它必須能擴展到生活的許多方面，這意味著它不能受制於情境效應中某一特定情形或環境的限制。例如，如果約翰的新習慣只發生在員工會議上，或僅僅在專業場合改變他的行為，但在一對一的談話中，或在和朋友、家人一起時仍是老樣子，那麼他提出問題的新習慣就沒有什麼轉變性。

情境效應是訊息自然處理的一部分，但有一種簡單的方法可以克服它們：在許多不同的環境中做每天的五分鐘練習。在辦公室、家裡、飯店房間、旅途的飛機上、筆電桌面、在會議中、在餐桌旁，以及當你與同事、朋友、家人一起時做練習……我想你已經明白了。透過改變五分鐘練習的地點和對象，就能對抗情境效應，提高正在練習的行為力量，使該練習成為你關鍵習慣的機會增加，從而幫助你成為一個更好的領導者。

一個好習慣會引發另一個好習慣

在汽車製造商開始在大多數車輛上安裝安全帶警告之前，送比薩的司機很少會扣上安全帶。為了讓饑腸轆轆的顧客滿意，他們爭分奪秒，不斷地進出駕駛座，所以繫上安全帶並不是司機的首要任務。事實上，在美國的比薩外賣以魯莽駕駛聞名。安全帶的低使用率和高危險駕駛行為，對司機的健康構成嚴重的威脅，也對企業不利。

維吉尼亞理工學院（Virginia Polytechnic Institute）的行為分析師設計了一項干預措施，以增加比薩外賣司機使用安全帶的行為。在與司機簡短討論安全帶的好處後，他們在兩家比薩店安裝了繫安全帶的提醒標誌。這些標誌被用來當做習慣塑造過程中的提示。研究人員偷偷觀察司機，他們找了一個位置，可以清楚看到兩間比薩店旁邊的停車場。

研究人員觀察到的結果令人驚嘆。在干預措施執行後，司機們不僅更頻繁地繫安全帶，而且有些司機在駕駛時甚至開始更常使用方向燈[7]。即使使用方向燈不是干預措施的一部分，比薩店也沒有提醒司機使用，但對於一些司機來說，安全帶的干預措施引發了他們其他的安全駕駛行為。這是怎麼發生的？

答案可以從兩種行為之間的關係中找到。如果我們將所有駕駛行為分成兩組，一組代表安全駕駛行為，另一組是不安全駕駛行為，繫上安全帶和使用方向燈都屬於安全組。儘管每個行為的具體動作不同，但在概念上它們是相關的。由於這兩種行為是相互關聯的，訓練後的行為（繫安全帶）可能會無意識地影響駕駛員執行另一種相關行為（使用方向燈）。注意，那些開始繫安全帶的司機並沒有突然開始吃得更健康或去健身房。這些健康行為屬於不同的概念群體，因此養成使用安全帶的新習慣不會以某種方式影響他們。實驗結果讓人注意到關鍵習慣的另一個重要面：它們通常會擴散到與概念相關的行為中，而非在它們的領域之外。

在比薩外賣安全帶干預措施前的幾十年，史丹佛大學（Stanford University）的心理學家發現一個心理學過程，解釋了一個習慣如何影響另一個習慣。研究人員假扮成志願者，在一個住宅區挨家挨戶地向屋主提出要求，希望屋主允許他在房子前的草坪上豎立一個超大的醜陋牌子，上面寫著「小心駕駛」。研究人員故意讓這個要求顯得荒謬，因為牌子大到足以讓人看不清後面的房子，所以大多數屋主拒絕豎立標誌牌也不足為奇。

然而，有一位屋主同意了研究人員的要求，提供自家草坪的前面位置安裝超大標誌牌。這位屋主曾於兩週前被一個不同的研究人員訪問過。這名研究人員也要求這些屋主豎立一個安全駕駛的標誌牌，但這個牌子只有三英吋高。該組實驗中的大多數屋主都同意豎立這個小牌子。他們不知道這個決定會對他們未來的行為產生多大影響，當然也不會預料到，兩週後他們會同意在自家草坪上放置一個巨大的廣告牌[8]。

同意展示小牌子的屋主會同意這個巨大廣告牌的原因是，他們的初始承諾改變了對自己的看法——它改變了他們的自我形象。在同意展示小牌子後，他們開始認為自己是安全駕駛的擁護者。一旦這成為他們如何看待自己的一部分，自然會同意與他們新的自我形象相符的其他行為跡象。

同樣地，開始繫安全帶的比薩外賣司機也開始認為自己是更安全的駕駛人。當他們的自我形象改變時，他們的其他駕駛行為也會隨之改變。

永遠不要低估一種行為的力量，不管它看起來多麼渺小。當你開始五分鐘領導力習慣練習時，你的新行為能變成一個關鍵習慣，讓你改變一系列的相關行為。對約翰來說，一開始只是向別人提出問題，之後這也提高了他的其他領導技能。透過學習傾聽和認可問題，約翰不僅能影響他人，在克服抗拒改變、談判協商、輔導和指導他人方面也有所進步。這些技能之所以得到改善，是因為在概念上它們與約翰正在練習的技能有關。他需要先聽到為何有人不願意做出改變，然後才能克服他們對改變的抗拒，並說服他人接受新的行動計畫。他需要給員工一個機會表達擔憂疑慮和保留意見，然後才能有效地指導他們。

約翰的簡單練習改變了他的自我形象，透過有意識地、持續地練習這種行為，他開始把自己視為一個更好的領導人。這使得他的新習慣有可能引發連鎖反應，並蔓延到其他領導技能。日復一日，積少成多，他的關鍵習慣幫助他改變一系列的相關行為來與自己的新自我形象相匹配，從而加速發展他的領導力。

兩種領導技能導向：任務型、以人為本型

快速發展領導力的捷徑，就是找到你的「關鍵習慣」。一個新習慣能觸發如此多的變化，好到讓人難以置信，但請記住，習慣能影響的都是與它概念相關的行為。正如在比薩送貨司機實驗中看到的，為了讓他們繫安全帶而設計的干預行為，使得一些司機開始自發地更常使用方向燈。重要的是，當「關鍵習慣」加速行為的改變時，必須注意的是，引發的其他理想行為必須是與關鍵習慣相關的。

作為我研究的一部分，我和團隊測試了二十二種領導技能之間的關係，以確定最可能成為關鍵習慣的微行為。我們觀察和分析來自世界各地近八百位領導者的行為，並根據構成二十二種領導技能的許多微行為進行評價。在對這些評級的統計分析中，我們發現有些技能之間有強烈的相關性。兩種技能之間有強烈正相關，意味著如果一個領導者擁有一項技能，那麼他更有可能擁有另一項技能——只要這兩種技能的任何

一個變成關鍵習慣，都會成為另一技能的必要條件。

接下來，我們使用因子分析來檢查整個領導技能之間的關係，看看某些技能是否與其他技能緊密相關。我們發現，領導技能集中在兩個不同的群體中。我們把第一組叫作「完成任務」（getting things done），第二組叫作「關注於人」（focusing on people）。

任務導向型和以人為本導向型的領導行為，兩者間的區別並不是什麼新發現。事實上，早在一九五五年，俄亥俄州立大學（Ohio State University）的研究人員就揭露過這一點。他們發現，一些領導者專注於取得成果，而另一些領導者則更關心他們的員工。任務導向型的領導者傾向於為團隊建立架構、計畫和組織工作、委派任務、監控員工的進展，並推動完成工作。人本導向型的領導者往往注重支持和培養他們的員工，表現出對他們的關心和激勵[9]。

一旦你了解兩者的區別，就會自然而然地想知道哪種類型更好。你可以透過專注於結果來完成更多工作嗎？還是關注員工效果更好？這是大多數領導者在職業生涯中都會遇到的兩難境地。許多人本能地選擇任務導向型，因為很明顯，如果你想要趕在截止日期前完成目標，你應該強調任務和結果。

事實證明，答案並不是那麼簡單。在對二百三十一項領導行為研究的回顧中，佛羅里達大學的研究人員發現，雖然任務導向和以人為本的領導行為都對團隊產生了積極的影響，但實際上，關注員工會比專注於結果的生產力更高。研究人員還發現，只有以人為本的領導行為才能誘發團隊學習，當領導者只專注於取得成果，他們的團隊就不會去學習[10]。為了達到最好的結果，有效的領導者需要同時具備這兩種技能：必須在關注員工的同時完成任務。

你的關鍵習慣

這一切對你的關鍵習慣有什麼影響？首先，要記住，一個關鍵習慣很可能會在領導技能中引發一系列的行為變化。例如，如果學到了任務導向型的技能，比如管理優先事項，這個習慣很可能會擴展到相關的技能上，比如計畫和組織工作、創造緊迫性、分析訊息、做出正確的決定、或者妥善委派任務，因為這些技能都專注於完成任務。但同樣的習慣不太可能影響到人本導向型的行為，比如積極傾聽、表示關懷，或者輔導和指導他人。

其次，偉大領導者在關注員工的同時還致力於完成工作，因為他們擁有所有的相關技能。根據不同情況，他們會自動地以自己的習慣行為做出反應，有時會提供支持，有時會鞭笞反對。想成為偉大的領導者，需要培養能完成工作又能關注員工的技能，所以你可能需要建立至少兩個關鍵習慣，這有助於加速你在每個群體中的技能發展。我將在下一章詳細討論如何計畫你的領導習慣練習，以及如何確定哪些練習最有可能塑造成為你的關鍵習慣。

Chapter 5

開始領導力習慣訓練

既然你已經理解領導者習慣公式，是時候開始你的領導者習慣訓練了。

注意，我說的是鍛鍊（workout）。我選擇這個詞來提醒你，領導者習慣公式是透過刻意練習來獲得和強化各技能的。這與透過針對特定肌肉群來增強體力沒有什麼不同，如果你想成為一個更好的領導者，你就必須做針對特定領導技能的練習。僅僅閱讀本書、學習技能和微行為是不夠的。你必須制訂一個訓練計畫來幫自己培養所需要的技能，並且練習足夠長的時間，才能讓你的新技能成為習慣。

但是要從哪裡著手開始呢？有二十二種領導技能和七十九種不同的練習，每種練習都側重於一種獨有的微行為。有這麼多選項可供選擇，要選出第一個練習可能會讓你茫然無措。

別擔心，成功養成習慣的關鍵，是在你新掌握的技能和你自然具備的技能之間找到重疊。接下來，你將能以最容易且最快速的方式斬獲進步，並培養你的關鍵習慣。本章會幫助你找出那些重疊之處，你就可以讓自己的領導習慣有最強有力的開始。

如何選擇你的第一次練習？

第一個領導習慣練習是最重要的，因為它有能力預設你整個領導力培養訓練的成敗。如果你選擇了正確的練習，你練習的行為將轉化成為一個關鍵習慣，繼而引發一系列積極的行為變化，提高你的自我效能，讓你更容易堅持練習下去，幫助你更快建立其他技能。但是如果你選擇了錯誤的練習，這個過程會讓你感到困難而不是輕鬆，你會很難堅持每天練習，最終會選擇放棄。讓我們來看看你能從哪些方面來判斷，哪些練習最有潛力塑造你的關鍵習慣。

在我的工作中，我花費相當多的時間在評估客戶，了解他們已經擁有什麼樣的領導習慣，哪些技能是他們自然而然擁有的，哪些微行為最有可能打造他們的關鍵習慣。我們將客戶放在一個虛構公司的模擬業務場景中，讓他們接觸各種提示，並觀察他們的反應。例如，客戶被要求為該虛構公司制定願景和發表策略，他們以角色扮演的方式展現困難的場景，像是指導表現不佳的員工或安撫憤怒的客戶。我們透過網路攝影觀察客戶如何與現場的真人演員互動，以及他們如何回應來自虛擬同事的緊急電子郵件。所有的數據使我們能精確衡量他們當前的領導技能，確定哪些技能需要更多的練習。

在這些模擬中，我們研究了不同場景下每種領導行為的一致性問題。我們改變提示和反應的形式，以測試每個微行為是否受到環境影響，就好比潛水員無法在陸地上記住他們在水下學到的東西那樣。例如，當一個領導者在會議上與他人交談時，他可能非常善於影響他人，但他在電子郵件中卻很難發揮同樣的影響力。在此種情況下，當行為存在但尚不一致時，這個被討論的行為，通常是第一個領導力習慣練習的最佳選擇。練習你已經在某情形下做過的行為，要比學習一種全新的行為容易得多。

在考慮客戶一開始最好選擇哪項領導力習慣的練習時，我們研究了客戶的個性在多大程度上與二十二項領導技能中的每一項保持一致。如果一個人並沒有表現出擁有某一項特定的技能，我們會透過觀察相關的性格特徵來了解他練習某項技能的難易程度。例如，如果一個客戶做不到清楚溝通，我們會觀察他在組織方面的得分情況，以確定他能否更容易的發展這種技能。如果客戶的組織能力不強，他在組織關鍵訊息的微行為練習中，不太可能會成功。這個練習不會讓他覺得自然，他也不會從這個練習中得到多少內在回報，這讓他很難繼續練習。相反的，我們會尋找與客戶的個性特徵一致的技能，這對他來說更容易，成果也更令人滿意。

模擬評估是識別潛在關鍵習慣的有效方法，但我也知道，人們並不是總能運用這種方式來準備領導習慣訓練。如果你沒有機會做模擬評估，你仍然可以成功地選擇恰當的練習來開始鍛鍊自己。

你擅長什麼、什麼對你自然可得？你就可以在那裡成長！

沒有以上的模擬評估，你最大的挑戰將是：如何正確識別出你需要練習的領導技能。之所以出現這個挑戰，是因為人們通常不知道自己真正的長處和短處。還記得前面提過蘿拉和約翰沒有意識到自己的壞習慣嗎？他們都認為自己已經做好了承擔更多領導責任的準備，但是他們的同事和上司並不認為他們是好的領導者，因為他們有明顯的弱點，而這是蘿拉和約翰自己沒有意識到的。

新南威爾斯大學（University of New South Wales）和雪梨大學（University of Sydney）進行了一項研究：人們對自己優缺點的看法與同事對他們的看法存在多大的不同。研究人員讓澳洲一家大型服務公司的六十三名團隊負責人對自己的十一項領導技能進行評估，這些技能包括計畫和組織、指導員工、制定決策、建立關係和關注客戶等。然後，他們要求與這些團隊領導者共事的其他人，也針對同樣的領導技能對領導者進行評價。這些人包括團隊領導者的老闆、同事以及他們管理的員工。

研究人員驚訝地發現，每個人的自我評價和其他人對這個人的領導能力評價，兩者之間沒有任何關係，也就是說，團隊領導者和同事對他們的優缺點看法並不一致[1]。這項研究的結果可能看起來令人沮喪，特別是當你試圖建立你的領導習慣鍛鍊計畫時。如果難以準確評估自己的優勢和劣勢，你如何知道你真正需要培養哪些技能，你又如何能明智地抉擇第一次練習呢？

你會問別人的意見。

這個過程有兩步驟。首先，完成圖5-1的問卷。這些問題凸顯兩大類領導技能（完成任務和專注於人）之間的差異，你可以將它用作初始過濾，幫助你縮小第一次領導習慣練習的選擇範圍。你對這些問題的回答，應該能幫你了解自己的領導力是更側重

圖5-1　你的領導風格是什麼？

以下問題凸顯兩大類領導技能，即完成工作和關注於人之間的差異。描述你現在的樣子，而不是你未來希望的樣子。請誠實描述真實自我，沒有正確和錯誤的答案。

1. 你如何定位自己： 是為其他人計畫活動的 任務掌控者？	還是你周遭人的支持者？
2. 你更有可能： 自己親自執行任務？	還是鼓勵員工去執行任務？
3. 你發現自己更關心： 能否實現結果？	與你的團隊是否和諧共事？
4. 你更有可能： 明確知道誰應該做什麼？	認可他人迄今為止獲得的成就？
5. 更有可能： 為你的團隊做決定？	授權他們主動自己做決定？

如果你在左欄中圈選了三個或三個以上的選項，你認為自己更注重完成任務。但是，如果是在右欄中至少選了三個，則你認為自己更關注員工。這是你的自我評估基準。它可能是正確的，也可能不正確，無論如何你都不能十分確定，因為你並不是自己技能的最佳評判者。這就是為什麼你應該問至少兩個非常了解你、而你又相信他們對你判斷的人來回答同樣的問題。

任務型導向還是以人為本導向，這是你的自我評估基準。這可能正確，也可能不正確，因為你並不是自己的最佳判斷者，所以並不能全然確定。（這就是為什麼它是一個分為兩步驟的過程。）

第二個步驟是：詢問至少兩位十分了解你且值得相信的人，回答同樣的問題。你問的人可以是朋友、同事或家人，只要他們能經常觀察到你在問卷中描述的幾種情形下的行為即可。這些非正式的訪談要單獨進行，讓你的訪談對象提前知道你的目的是什麼，確保他們是在放鬆舒適的氛圍中給你回饋。在你提出要求之前，可以這樣說：「我想提升我的領導才能，不知是否可以問幾個問題，是關於你如何看待我在不同情形下的表現。希望你能給我真實的回饋。」

在非正式訪談期間，先提出問題，然後寫下答案，以便日後查看。對你聽到的內容不要爭辯，或以任何方式回應。當我們收到評價回饋時，很自然會變得情緒化，特別是當回饋與我們看待自己的方式截然不同時。我們在情緒化時無法清晰地思考，所以最好是在訪談過程中專注記錄回饋，然後等你情緒過去，頭腦清晰時再處理。

當你在回顧所有訪談對象的回饋時，你可能會在每個問題的回答中看到一致的模式，看出是更傾向於任務導向型還是人本導向型的領導方式。這就是其他人對你領導風格的看法。如果回饋符合你的自我評估基準，那很好。但是如果與收到的回饋不一致，我建議你重視參考他人的回饋。

現在你知道自己更傾向哪種技能類別，是更注重完成任務還是關注於人。我提出一個看似違反直覺的建議：從你傾向的技能類別的對立面，開始你的領導習慣訓練。

如果你傾向於成為一個任務導向型領導，那麼你在任務型領導技能上很可能更擅長，因此如果你一開始培養人本型的技能，你將有更多快速提升的機會，只要這些技能與你的個性大致相符。反過來，同樣的道理也適用於人本型的領導者。

當你在思考這個問題時，不要忽視之前的告誡，要選擇與你個性相符的技能。你的第一次練習必須是對你來說自然容易的行為，並且你本能地喜歡做，所以它需要與你的性格特徵相一致。如果你還沒有這樣做，請返回第三章完成圖3-1的練習，或者在www.leaderhabit.com上進行領導習慣測驗，了解你對領導習慣公式中的六種人格特質的得分情況。（如果你參加免費的英文線上測試，你也會獲得一個前二十二項領導技能的排序，該排序是基於這些技能與你性格相一致的程度。）它可以幫助你確認你的潛在關鍵習慣，是一個很有價值的工具。對於選擇正確的方式來開始你的領導習慣訓練，了解自己的性格特徵至關重要。

你應該要了解自己的性格特質，好清楚地知道自己更傾向於哪一種技能類別（注重完成任務或專注於人）。如果你遵循我的建議，那麼作為開啟你領導習慣訓練的最好練習，就是要從自己較弱的技能類別著手，並且要與自身的性格特徵保持一致。所以如果你是任務掌控者，你就要選擇專注於人的技能，而這些技能也要與你的個性相匹配。

為了幫助你理解，在第三部分領導技能和練習中，描述了影響每個領導技能的性格特徵。根據你的性格特徵，可以從多種技能中進行選擇。一般來說，如果你在關懷心和外向性格方面得分很高，你可能會喜歡專注於人的領導技能，如果你在組織性和抱負心方面得分很高，你可能會喜歡任務導向型的領導技能。

當然也存在這種可能，就是你獨有的性格特徵組合與我的建議背道而馳。比如，你可能是注重任務完成的掌控者，在關懷心和外向性格的方面得分低，這意味著你並不會自然地輕鬆學到以人為本的技能。按照我給的建議，你的第一次練習應該是針對一項以人為本的技能，但你的性格特徵所暗示的卻恰恰相反。這不是問題。請記住，關於你的第一次領導習慣練習，最重要的是選擇一個可能成為關鍵習慣的練習。這表示你必須喜歡做這件事，並且它必須有助於建立你的自我效能——你需要先嘗到幾個勝利的甜頭，讓你堅信自己能透過領導習慣公式獲得成功。

一開始選擇一項與你個性不符的練習會比較困難，因為它不會讓你感到輕鬆或自然，也不能建立你的自我效能，它不太可能成為一個關鍵習慣。因此，即便我的建議是從以人為本的技能開始訓練，但這些技能如果與你的個性特徵大相逕庭，那麼就相信你的個性，轉而選擇任務導向型技能作為練習的開頭。你可能對其中的一些技能已經頗為擅長，但是在培養習慣的早期階段，塑造一個關鍵習慣和建立自我效能，要比你完善自己的弱項技能更重要。一旦你在初期階段取得了幾次成功，並對自己的成長進步有了信心，你就可以轉向那些感覺不那麼自然、需要更多努力去練習的技能。

是時候選擇你的第一個領導習慣練習了。可以花點時間來查看第三部分的相應類別。找到最適合你個性的技能，並回顧每個微行為和其相應的練習。問問自己哪項練習看起來最容易開始著手。無論哪一項脫穎而出，把它寫下來放在手邊。這項練習就是你領導力發展訓練的開始。

如果到目前為止你都按照我的指示去做，但仍然不知如何選擇你的第一個練習，不要沮喪，有時候即使有回饋，你也很難知道具體該從哪種領導技能開始。按類別縮小技能範圍之後，你仍然需要從數十種練習中做出選擇。你可能會隨意從技能列表中

圖5-2　最可能的關鍵習慣

完成任務	專注於人
與所有任務導向型行為最密切相關的三種領導技能是： 1. 創造緊迫感 2. 管理優先事項 3. 計畫和組織工作	與所有人本導向型行為最密切相關的三種領導技能是： 1. 影響他人 2. 克服個別的抗拒 3. 指導和輔導他人

選一項，然後期望它會是最合適的，不要這樣做——胡亂猜測倒不如做個勝算最大的嘗試。根據我的團隊對整套領導技能進行的統計分析，我們確認了每個類別與其各自領域技能中最密切相關的前三項技能，它們列在圖5-2中。如有疑問，請從其中一個開始。

避免個人發展計畫的陷阱

在你準備自己的領導習慣訓練時，要注意的是，不要陷入個人發展計畫的陷阱。世界上許多組織使用發展計畫來記錄員工的發展目標，詳細列出他們需要改進的技能和應該進行的學習活動。從理論上來說，這是一項值得尊敬的嘗試，但在實踐上，在大多數組織中，發展計畫已成為另一種耗費時間和精力而又不會產生預期結果的官僚行為。荷蘭馬斯垂克大學

（Maastricht University）的研究人員發現，在二千二百七十一名員工中，使用發展計畫的員工比沒使用者更不願意參與學習活動，他們不認為自己比非使用者擁有更強的技能[2]。擁有發展計畫的員工唯一擅長的就是制訂發展計畫。

發展計畫失敗的原因有很多。結合領導習慣公式的背景，有兩個特別值得注意。首先，發展計畫往往過於龐大。受到「越多越好」這一謬誤的驅使，員工和經理們在計畫中塞滿了太多的學習活動，並沒有考慮這些活動所需要的時間。單獨看每一個活動似乎都是合理的，但在繁忙的工作日，很難抽出時間去讀書、上課或練習一項複雜的技能。因此，員工很難朝著他們的發展目標取得有意義的進步，很快地，這些目標就會讓人覺得難以實現，或者不可能實現。我們會看到，當人們不相信自己能做某事時，他們會拖延或放棄。

個人發展計畫失敗的第二個原因前面已經談過，事實上，這也是大多數培訓和領導力發展課程失敗的原因——他們更專注於知識的獲取而不是對技能和習慣的學習。一旦有人提及「學習活動」，我們又會回到最開始的「讀一本書或上一堂課」。初衷是好的，但正如我們看到的，我們熟悉的知識型教學方法和工具，在技能培養方面沒有效果，只能透過練習技能所涵蓋的行為來實現。無論你閱讀了多少關於音樂理論的書籍，或者你聽了多少堂講座，那些使用精美講義和熟練操作PPT的講座中，講解人正確地講述鋼琴彈奏技巧，但如果不實際演奏鋼琴，你永遠無法學會如何彈奏。同樣地，你可以閱讀所有你想要知道關於影響力、授權和指導的書籍，但除非你開始練習這些技能，否則在這些方面你不會得到提升。

如果你想讓自己的領導力培養訓練成功，不要浪費時間去制訂一個龐大、壓力重重的發展計畫，只需開始你的第一個領導者習慣練習即可。你的自我效能提高後，儘管工作和家庭中不可避免會分心，但你開始相信你可以培養自己的領導技能，此時你可以考慮制訂一個長期計畫。現在，專注於將你的第一個練習轉變為一個關鍵習慣，其餘的自然會隨之而來。

了解領導習慣的練習

在你開始訓練之前，多了解一下有關領導習慣練習的背景知識是有幫助的。你已經知道這些練習設計簡單，任何練習都不需要超過五分鐘就能完成。每個練習的基本架構都相同：提示和行為——這裡的行為是指你對提示的反應——是相對應的。這些練習的不同處在於執行時間不同，以及它們所對應的提示不同。

有三種不同類型的練習：準備練習、即時練習和反思練習。正如你可以從名稱中猜測的那樣，每種類型都可以透過情況發生的時間來區分。

「準備練習」是你為某一特定事件，比如會議或演講前做的最佳努力。影響他人技能的微行為之一就是預測他人對新想法、新計畫和新提議的反應。根據定義來看，「預測」就是你事先會做的事情，所以這種微行為非常適合作為準備練習。例如，在參加會議前，你可以寫下一句話，描述你認為自己將要與之會面的人會對計畫討論的主題做出怎樣的反應。注意這個練習要簡單具體，它要求你寫下一些東西，並確切地指定要寫什麼。

當微行為在本質上更具有認知能力時，準備練習就能很好地發揮作用——這涉及新思維模式的學習。在前面的例子中，行為就是預測計畫的一個反應。為了使預測過程更加詳細具體，該練習要求你寫下一句話，這是許多認知任務練習常見的部分。寫下你認為有用的方法來組織你的思想，它會從一個抽象的過程產生有形的結果。

「即時練習」是在合適的情況出現時進行的練習。即時練習幾乎總是涉及與他人的互動，陳述或提出問題。例如，為了練習克服個別的抗拒，你可以集中精力找出問題中兩個一致的地方，一發現就馬上總結：「在我看來，我們在……是一致的，對嗎？」序文中的蘿拉提出以「什麼」或「如何」開頭的開放式問題，就是即時練習的另一個例子。

事件發生後進行的練習是「反思練習」。與準備練習類似的反思練習，最適合認知任務。例如，利用共同的興趣和達成一致的目標來建立融洽關係，是建立戰略關係這一技能的一種微行為。這個微行為練習是在一次會議或談話結束後進行的，包括思考你和此人的兩個共同點，這樣你就可以在下次互動中提到這些共同之處。為了使反思更具體化，你需要寫下這兩個共同點。

正如第二章討論的，領導者的習慣練習與自然暗示搭配出現——事件出現的情境和你正在練習的微行為情境相同。自然提示比人工提示更好。舉個例子，當你學習在不同情形中使用新的行為時，可能會把便利貼貼在電腦螢幕上或設定手機的鬧鐘來提醒自己。但如果便利貼從螢幕上掉下來，或者你忘記設置鬧鐘，沒有了這些提示，你的新行為將很有可能消失。如果反思提示出現在對話結束後呢？這對所有的談話都適用，你永遠都不用擔心因為提示消失就「丟失」了你的習慣。

幸運的是，這個世界充滿了自然提示。最好的自然提示通常是特定事件或任務的結束。回想一下影響他人的一個練習：在開會前寫一個句子，描述你認為將要見到的人會對計畫的討論有什麼反應。這個練習內置了一個自然提示：在參加會議前。但這個內置提示並不理想，因為很難將它轉換成特定時間。如果會議是上午十點開始，應該在會議前五分鐘練習，還是十分鐘，還是提前一小時？因為該提示模糊不清，所以很難識別和記憶。我們需要一些更具體的東西，最好是一個與正在練習的情境有相關的事來結尾作為提示，在此情況下，這個行為通常在參加會議之前開始，又有一個清晰、具體的結尾。有這樣的行為嗎？根據我們的觀察，大多數人會查看自己的日曆，確認要見面的人的名字、會議地點或電話號碼。因此，這個練習有個更好的自然提示：在你檢查下一個會議日程的安排之後。這會在第三部分的練習中出現。（「事後」提示更容易與反思練習配對，因為反思練習本身是在事件之後發生的。）

有些提示本質上是自然的——它們無法被其他人觀察到，並以決策、領悟或思想形式出現在腦海中。這類型的提示能引發一些即時練習，例如，在協商結束時，要求後續的步驟能一致。想為該練習確定一個自然提示，需要弄清楚在討論期間的什麼時候做這種行為比較合適，比如具體是在什麼特定事件或任務之後。事實是，對大部分領導者來說，他們意識到在討論即將結束時開始這個行為。所以提示本身就是：當你意識到討論即將結束時。自然提示最常用於即時練習，因為這些練習必須在特定事件期間進行。

當你開始練習時，行為與配對的提示之間的連結很可能不存在。這是正常的。記住，你正透過有意識的練習在大腦中建立提示—行為之間的連結。每次你完成一個練習，相關的神經連結就會得到加強。有了足夠的練習，你就能從生疏到熟練，再到精通，最後形成習慣。

追蹤你的練習

當你已經確定好自己的第一個領導習慣練習，你要做的就是每天練習五分鐘，直到它成為一種習慣。回憶一下第二章，平均需要六十六天的練習才能把一種行為變為習慣[3]。為了達到最好的效果，建議你追蹤自己的進度，因為這對實現目標更有幫助。

也許你認識這種人，他們對計步器著迷，每天都記錄自己走路的步數。這個假設很簡單：如果你追蹤自己的步數，你更有可能減掉體重。但這是真的嗎？

英國聯合利華公司（Unilever）的研究人員設計了一個實驗。他們將七十七名成年人隨機分成兩組。兩組受試者都收到一款腕帶來監控他們的活動情況，但只有一組能以智慧型手機的應用程式進行即時追蹤。九週後，研究人員觀察這兩組在此期間記錄的身體活動量，並測量參與者身體脂肪的變化。

能使用手機應用程式的小組（能夠追蹤受試者進度），在身體活動和體脂變化方面比對照組（無法使用手機應用程式，也無法追蹤自己的進展）好得多。追蹤組的平均運動量比對照組多了兩小時十八分鐘。此外，追蹤組的人比對照組的人減掉更多體重，平均是他們體脂肪的二％[4]。

就領導習慣練習而言，如果記錄下練習時間，你更有可能做到持續練習。有很多的追蹤方式可以選擇。可以用你的日曆（紙本或電腦）來標記練習的日子。你可以在智慧型手機或電腦設置一個連續的任務，持續六十六天。或者，可以將練習結果輸入到Streaks或Habit List等習慣追蹤應用程式中。方法只是方法，保持追蹤進度更重要。「每天記錄練習」也是你正進行領導力發展訓練的另一個小勝利。這些小小的勝利就像完成練習本身所取得的成功一樣，每一次的小勝利都會進一步提高你的自我效能，使你更容易持續練習。

最後，最關鍵的是練習。如果你買這本書認為可以透過「閱讀」來提升領導能力，我很抱歉會讓你失望。除非你將這些概念付諸實踐，否則閱讀本書不會讓你成為更好的領導者。所以，選擇你的第一個領導習慣練習，確定一個追蹤進度的流程，就在今天抽出五分鐘開始練習。把第三部分的練習應用到日常工作和個人生活中，不僅能提高你的領導能力，還能教你以一種更有效的方式來改變生活，成為你一直想要成為的人——一位擁有偉大習慣的優秀領導者。

Part 3

技能發展練習

領導力習慣練習

在此，你將找到我和團隊在研究中確定的核心領導技能習慣，以及我們為各項技能設計的五分鐘練習。每項技能包括：

- 技能的定義及特定微行為的分解。
- 簡要說明技能對於有效領導的重要性，以及它如何影響你實現共同業務目標和戰略的能力。
- 有一系列相關說明顯示你能從技能改善中受益。
- 性格特徵的描述要與技能相一致，有助於讓特定類型的人發現對應技能的內在價值。
- 五分鐘練習透過將微行為轉化為習慣來幫助你發展技能。

關於如何選擇你的第一個領導習慣練習，請參閱第五章。

Chapter 6

完成任務

以任務為導向的領導技能就是完成任務。具備這些技能的領導者能有效地讓員工和團隊保持正軌，推動實現高績效，並幫助實現組織目標。他們傾向於為團隊先建立架構，做好計畫和組織工作、委派好任務、監控進度並確保大家完成工作。我和研究團隊確定了十一種以任務為導向的領導技能，根據這些技能在概念上的相互關係將它們分為三類。任務導向型的三個類別是：計畫和執行、解決問題和決策、領導變革。

計畫和執行

計畫和執行是一套注重「主動識別需完成的工作」的領導技能，識別後將工作分解成專案、任務和作業並做好委派，依時間進度追蹤和監控。這些都是基本的管理技能，在需要領導力的情況下尤為重要，比如在需要實施新戰略、用現有戰略調整團隊、改進產品和服務、加強當責制、實施新系統和流程以及提高營運效率等。此類別有四種領導技能：管理優先事項、計畫和組織工作、妥善委派任務、創造緊迫性。

技能 1 ：管理優先事項

管理優先事項就是要確認哪些任務是最重要的，並分配適當時間來完成。我們研究發現，高效領導者在管理優先事項時有幾種微行為：

1. 把大項目分解成更微小的任務，要清晰、具體、可執行，這樣每個人都知道該做什麼。
2. 將任務分為「最重要」和「不那麼重要」。例如，確認哪些任務需要馬上完成，哪些可以等到明天。
3. 查看每項任務，估計完成任務所需的時間，估計時要考慮現實情況，是要可以輕鬆完成任務。

4. 以「可靠、合乎邏輯」的原則和「優先順序」為基礎，好讓每個人都能理解為什麼特定任務比其他任務更重要。

為什麼該技能對領導力很重要

你可能會覺得每天工作時常有做不完的事，這就是為何要分清輕重緩急的重要性。透過優先排序，你可以集中精力完成最重要的工作。如果沒有明確的優先事項，你很難完成任何事情，因為每件事看起來都同樣重要，你不知道如何最有效地利用你的時間和精力。同樣，當你的團隊沒有明確清晰的優先事項時，個別成員將很難有效地協調他們的工作，他們將會被接踵而至的工作壓得喘不過氣來，整個團隊也會對需要完成的工作缺乏了解。

在工作中，良好地管理優先事項對實施新戰略，或使團隊與現有戰略保持一致至關重要。任何戰略的實施，都涉及將抽象戰略轉化為人員和團隊可具體執行操作的步驟。如果你不能很容易地將戰略分解為更小的任務，或無法確定此類任務的優先順序，那麼你將很難讓團隊的活動、資源、組織的目標保持一致。當你需要負責改進產品和服務時，同樣的情況也會發生，因為這些計畫依賴於你管理優先事項的能力。

有以下情形，表示你需要提高該項技能：

- 如果你覺得被太多優先等級類似的事項壓得喘不過氣來。
- 如果你認為每一項任務都同樣重要。
- 如果你不能很好地管理你的時間，並因此錯過最後期限。
- 如果你做不到對別人說「不」，並且經常承擔太多工作。

性格特徵與技能一致

如果你在組織方面得分高，在好奇心方面得分低，你可能會發現管理優先事項對你具有內在獎勵。如果你是高度有組織的，那麼你可能有條理、有系統、勤奮，喜歡計畫。如果你好奇心方面得分低，你可能是一個更實際、更具體、更線性的思考者，你傾向於明智和務實。

如果你有以上性格特質，可能會從一些行為中獲得滿足感，比如把大項目分解成清晰、具體的步驟；識別較小的任務；決定哪些任務比其他任務更重要；估算一個任務需要多長時間。

五分鐘領導習慣練習

以下練習將提高你管理優先事項的能力：

◎把工作分解成若干任務

雖然你可能不會每天都開始一個新項目，但是可以養成這樣的習慣，用這個練習把你每天的任務分解成更小的行動：從待辦事項列表中選擇任務後，請寫下完成任務所需執行的兩至三項行動。例如，如果你今天的任務之一是做一個PPT，你的兩個行動可以是製作幻燈片，然後寫演講稿。

◎把任務分成關鍵任務和非關鍵任務

透過這個簡單的練習，你可以養成以下習慣：當你在辦公桌前坐下開始一天的工作後，寫下當天必須要完成的二至三個最重要的任務。當然，你應該要在處理其他事之前先完成這些任務。

◎適當地分配時間來完成你的工作

這種微行為要求你精確地估計完成一項任務所需的時間。如果沒有準確的時間估計，就很難做好計畫並按時完成。要把該行為轉變為一種習慣可運用以下練習：在任務列表中添加任務後，寫下你認為完成任務所需的時間。例如，你要以電子郵件通知團隊有關新客戶的訊息，你估計需要花三十分鐘才能擬好這封電子郵件。

◎清楚知道為何要將某些事設為優先事項

在確認專案或任務的優先事項時，要讓你自己和團隊中的其他人清楚知道你這麼決定的理由。使用以下練習，每天練習這個微行為：在描述任務時（像是在電子郵件或對話中），簡要解釋優先考慮的理由：「這是一個優先事項，因為……例如，你可能會優先考慮某項目，因為它關係到你們的最大客戶。」

技能 2 ：計畫和組織工作

計畫和組織工作是確任完成既定目標所需的資源，並計畫安排誰將在何時做什麼。在我們的研究中發現，高效領導者在計畫和組織工作時有以下微行為：

1. 設定一個主要項目的計畫，指定誰將在何時做什麼。
2. 確認計畫中每個階段所需的資源，無論是人員、資金還是資料。
3. 創造性地思考如何運用現有資源控制預算。
4. 構建系統來追蹤個人貢獻者和團隊的進度，通常是以衡量指標和定期檢查的形式進行。

為什麼該技能對領導力很重要

作為一個領導者，完美地執行一個專案需要很強的計畫和組織能力。清楚地了解誰將做什麼、以及他們完成工作所需要的資源，對你的成功至關重要。規劃和組織能夠有效地協調多人的工作，並有助於確保每個人都清楚知道他們被期望完成的任務。

在工作中，如果你想在團隊中建立責任制以提高公司的營運效率，那麼計畫和組織能力十分重要。在分配好明確的任務和截止日期時，你應確保員工理解自己的工作範圍和時間表。當你用指標衡量和定期檢查來追蹤員工的進度時，你給每個員工都灌輸了個人責任感。同樣地，當你有一個清晰的計畫時，你可以更好協調員工和團隊的工作，從而避免因協調失誤造成不必要的生產力損失。

有以下情形，表示你需要提高該項技能：

- 如果你在最後一分鐘才倉促地把工作做完的話。
- 如果你常在重要會議前的晚上臨時抱佛腳的話。
- 如果你的團隊成員對該做什麼感到困惑，而且他們並未按時完成任務。
- 如果你的團隊缺乏責任感。
- 如果你的工作缺乏組織和清晰的架構。
- 如果你覺得從未有過足夠的資源來實現你的目標。

性格特徵與技能一致

如果你在組織性和抱負心方面得分高，你可能會認為計畫和組織行為具有內在獎勵。如果你在組織性方面分數高，你可能是一個有條理、有系統、勤奮的人。如果你在抱負心方面分數高，你可能自信而果斷，喜歡做規劃，主動為將來做打算。如果你有這兩種性格特徵，你可能會從以下行為中獲得滿足感，比如將專案計畫整合在一起、確定需要的資源，以及使用衡量指標來追蹤進度。

五分鐘領導習慣練習

下面的練習將提高你計畫和組織工作的能力。

◎制訂一個專案計畫

雖然你不可能每天都制訂一個完整的專案計畫，但你可以運用這個練習來養成確定任務和設定最後期限的習慣：在和同事討論一個項目或任務後，在截止日期前確定一個行動，「你具體要做什麼，什麼時候完成？」把它寫下來。例如，你的同事承諾在九月二十日之前擬一份新的產品手冊。

◎確定你所需的資源

這種微行為需要考慮完成任務所需的人或事。使用以下練習將這變成一種習慣：在開始一項任務之後，寫下完成任務所需的二至三種資源（人、資金、資料）。例如，如果你的任務是為新客戶準備合約，則需要法務部門的一員、合約範例等。

◎創造性地使用可用的資源

要透過練習養成這樣的習慣：創造性思考如何使用已有的資源，而不是把錢浪費在你認為需要的資源上。當你意識到你需要的某個資源目前沒有時，先問問自己：「我如何使用我已經擁有的東西來達到同樣效果？」寫下你的答案。例如，你可以用網路快速搜尋如何在Excel中製作樞紐分析表，而無須打電話給ＩＴ部門求助。

◎運用衡量指標追蹤進度

養成在工作日結束時，用以下練習來追蹤自己進度的習慣：完成當天的最後一項任務後，檢查你的待辦事項，寫下你完成的每項任務的百分比。例如，可能你的團隊會議議程已經完成五十％、部門預算完成了二十五％。

技能 3 ：妥善委派任務

妥當委派表示所分配的工作要有一個明確的開始和結束，而且要與被委派人的技能、興趣相符合。我們研究發現，高效領導者在委派工作時有以下的微行為：

1. 考慮被委派人的技能水準，以確認他／她是否有能力成功完成任務。
2. 考慮對方的興趣，以確保他／她會喜歡參與這項任務。
3. 確定需要完成的事情，但要讓對方弄清楚如何完成它。

為什麼該技能對領導力很重要

要想成為一名成功的領導者，你必須接受你無法事事都親力親為，要學著透過委派他人、交由別人完成工作。如果你分配任務得當，你會使你的團隊更快地達到目標，產生更好的成果，並且完成遠比你一人能完成的更多事情，不論你多麼優秀和高效。你的團隊成員會覺得他們的任務是屬於他們自己的，他們不會覺得你在對他們進行微觀管理。

在工作中，如果你做不到妥善委派任務，你很難留住員工並讓他們參與其中，團隊的生產力將會受挫。在一個極端情況下，你可能會把所有的任務都囤積給自己，這種情況會產生瓶頸，因為其他人不得不等待你的消息，而你卻被太多的工作壓得喘不過氣來。另一個極端情況是，你可能太急於把工作從你手中轉手出去，導致被交付的員工茫然不知所措，因為他們還沒有能力完成你交給他們的工作。領導者若是事無鉅細地對工作微觀管理，抑或是直接將工作委派給不熟練或不感興趣的員工，人們都很難和他一起共事。在這些情況下，員工的參與度往往會變得極低，然後放棄。

有以下情形，表示你需要提高該項技能：

- 如果你不相信別人能做得和你一樣好。
- 如果你被太多的任務壓得喘不過氣來。
- 如果你會檢查你們團隊的每項交付成果。
- 如果你委派的任務遠超出了被委派人的能力，而他們苦苦地掙扎執行。
- 如果你把任務委派給並不是真正喜歡該任務的人。

性格特徵與技能一致

如果你在關懷心方面得分高，但在組織性方面得分低，你會發現委派行為對你具有內在獎勵。關懷心方面分數高，那你很可能有洞察力、善解人意、還易於合作，你可能喜歡在工作中賦予他人權力並支持他們的努力。如果你在組織性方面分數低，你可能會更有彈性，對不確定性有更多的包容度。（相比之下，組織性方面分數過高的人，可能刻板僵化、控制慾強、完美主義，以及厭惡風險——這些往往會導致領導者喜歡事事插手地微觀管理或拒絕委派授權。）如果領導者關懷心高、組織性差，可能會從以下幾項獲得滿足感：確定某人是否具有完成任務的正確技能，在決定委派時考慮他的興趣，以及讓他明白如何完成任務。

五分鐘領導習慣練習

以下練習將提高你的委派能力。

◎任務要與技能相匹配

如果你委派的人能力無法熟練並成功地完成這個項目，他可能會因不堪重負而失敗。如果此人的技能太過嫻熟，他又會感到無聊，變得心不在焉。「有效的授權」是在給某人極多挑戰和極不充分挑戰之間找到適當的平衡。透過以下練習，你可以養成將任務分配給具有適當技能者的好習慣。在決定將一項任務分配給某個特定的人之後，寫下完成這項工作需要的兩個最重要技能，並按照1至5的等級評估此人目前在這些領域的技能水準。例如，統整一個行銷活動需要規劃和溝通兩種技能，那麼這個人可能是規劃能力3分、溝通能力4分。

◎分配任務要與個人興趣匹配

如果你委派的人對這個項目不感興趣，他們就不會有動力去完成它。想要養成將任務分配給感興趣的人的習慣，可以嘗試以下練習：首先，描述你想要委託的任務，然後詢問「這是否是你感興趣的事情」來測試他感興趣的程度。寫下對方的回應。如果你的目標對象不感興趣，找個可能更合適的人。

◎告知問題「是什麼」，而不是「如何做」

這種微行為與微觀管理恰恰相反。透過練習能養成這種習慣：讓他人決定如何做他們自己的工作。在決定把一個任務委派給特定某人後，可以說：「我希望你弄清楚如何做（這件事）。」透過提問「你覺得你會怎麼做」，寫下對方的答案。例如，你可以說：「我希望你去了解如何收集客戶的回饋。你覺得你會怎麼做？」以確保最終目標——可交付成果。

技能4：創造緊迫感

創造緊迫感表示制訂大膽無畏、雄心勃勃的目標，並為團隊施加壓力以實現目標。我們的研究發現，高效領導者在創造緊迫感時所做的微行為有：

1. 為自己和他人制訂宏偉大膽的目標，確保這些目標具有可實現性，但要為每個人提供一個舒適的緩衝區。
2. 給任務設定具體的最後期限，並不斷強調實現這些成果的重要性。
3. 在演講和郵件中，用「關鍵的」和「極其重要的」這類高強度詞彙來表達任務的緊迫性。

為什麼該技能對領導力很重要

創造緊迫感是推動個人和團隊交付成果的有效方法。若沒有緊迫感，你的隊友們就不會催促自己努力工作，他們可能會拖延，最後掙扎著按時完成任務。當人們缺乏緊迫感時，就更容易被日常干擾所分心，最終會把時間浪費在不重要的事情上。

在工作上，你希望在團隊中或整個組織中創造高效文化氛圍時，你需要創造緊迫感。緊迫感可以提高工作效率，並使你的員工與你的目標保持一致。當你的團隊成員接受挑戰去實現更宏大的目標時，他們的技能會發展得更快。有緊迫感的團隊往往可以獲得卓越的業績。

有以下情形，表示你需要提高該項技能：

- 如果你的團隊經常錯過最後期限。
- 如果你的員工因為不重要的細節而分心。
- 如果你對取得最後結果態度懶散。
- 如果你害怕更大、更雄心勃勃的目標。
- 如果你的員工經常拖延。

性格特徵與技能一致

如果你在抱負心方面得分很高，你會發現創造緊迫感能給你帶來內在獎勵。如果在抱負心上分數高，你更有動力去實現目標，通常還是整間屋子裡最勇敢的人。你可能自信、果斷、精力充沛、有說服力和影響力，喜歡不斷推進增長和啟動新專案。如果是這樣的個性特徵，你可能會從以下的行為中獲得滿足感，比如確立大膽無畏的目標，設定具體的截止日期，以及使用高強度的詞彙。

五分鐘領導習慣練習

以下的練習將有助於增強你創造緊迫感的能力。

◎設定大膽的目標

如果你想避開過於大膽的目標，就透過以下練習讓每天的小目標一點點變大：早上打開電腦後，寫下當天的一個目標然後註明：「今天我一定會實現的。」然後重寫更有抱負一點的目標。例如，如果你今天的目標是收到信件後在三小時內回覆，你可以規定自己在兩小時四十五分鐘內回覆，試著更大膽一些。然後明天再設定一個不同的目標。

◎強調結果的重要性

當人們認為截止日期很重要時，他們會更加努力地去趕上最後期限。這項練習可以幫助你養成在重要截止日期前創造緊迫感的習慣。當在討論了一項重要的任務及其時間表後，詢問能否早點完成：「這對我們的成功至關重要。你能早點完成嗎？」寫下他們的反應。

◎使用高強度的詞彙

若你要衡量員工的的緊迫感，不僅可以透過他們的行動和產出（完成了多少），還可以透過他們用來描述自己所做的工作的詞彙來衡量。像「緊急的」、「關鍵的」和「至關重要」這類高強度詞彙傳達出緊迫性，可激發他人擁有緊迫感。在這個練習中，養成使用高強度詞彙的習慣。當討論了一個重要的任務或項目後，用高強度的詞語強調它的緊迫性，例如，可以說：「完成這項工作絕對至關重要！」寫下你用過的詞語。

解決問題和做出決策

解決問題和制訂決策是一套領導力技能，專注於透過批判性思維解決問題。在你需要為客戶改進產品和服務、實施新系統和新流程、提高營運效率、提高盈利能力、合併或重組業務單位的情況下，這些技能尤為重要。在此類別中有四種領導技能：分析訊息、思考解決方案、做出正確決策、專注於客戶。前三項技能在解決問題時是一致的。首先，你必須透過收集和整合相關訊息（分析訊息）來充分了解問題所在。一旦你對這個問題有了很好的理解，就可以對多個解決方案進行腦力激盪，找出每個解決方案的優缺點，並設定用來做決策的標準（思考解決方案）。然後，透過選擇解決根本問題的最客觀方案，並基於邏輯分析後的行動（做出正確決策）來做出決定。這類技能中的最後一項：關注客戶，確保你在解決問題和制訂決策過程中，會將客戶的需求作為的一部分加以考慮。

技能5：分析訊息

分析訊息是收集並整合多段數據後，研究問題以充分理解，是有效解決問題過程的第一步。我們研究發現，高效領導者在分析訊息時有以下微行為：

1. 查看所有可用檔案來查找有關該問題的相關訊息。
2. 整合來自多個來源的訊息以獲得新觀點，通常是透過比較和對比不同數據和不同來源，並找到將它們連結在一起的共同主題。
3. 基於多個訊息的基礎決策，直接引用不同的證據來源來支持決策。

為什麼該技能對領導力很重要

只有透過研究和分析，才能了解問題的根本原因，也才能有效解決問題。這意味著，即使是處於需要迅速得出結論的壓力下，還是要收集數據，花時間比較和對比來自多個不同來源的資料。沒有一個好的分析，就無法正確地理解問題，很可能最終解決了錯誤的問題，或者僅僅解決了表面的症狀。

在工作中，需要強大的分析領導才能實施新系統和流程，提高操作效率，或者合併和重組業務單。在設計新的工作流程時，你必須先進行分析（收集和評估），以確定潛在問題、冗餘和改進的機會。同樣，當你將工作合併到一個新單位中或把工作重新聚焦到核心業務活動時，你還需要在設計新組織結構前，分析工作流程、相互依存和業務重疊這三者。

有以下情形，表示你需要提高該項技能：

- 如果你在並未對問題做研究的情況下就迅速做出決定。
- 如果你基於有限的訊息就得出結論。
- 如果你不得不經常反覆解決同樣的問題。
- 如果你發現自己解決了錯誤的問題。
- 如果你最終只是修補了問題的表象，並沒有解決問題的根本。

性格特徵與技能一致

如果你在好奇心和抱負心方面分數高，分析訊息對你來說可能有內在獎勵。如果好奇心方面得分高，你會是一個有創造力、有智慧的人，喜歡思考和解決複雜的問題。如果你抱負心方面得分高，你可能自信而果斷，也可能有動力和信心收集必要的訊息，知道何時該停止。如果你擁有以上這兩種性格特徵的話，你可能會從以下行為中獲得滿足感，比如蒐集問題的相關訊息、整合不同的資料以找到共同的主題。

五分鐘領導習慣練習

以下練習將有助於提升你分析訊息的能力

◎研究問題

你可以透過仔細檢查所做的決定，養成這樣的習慣：從可用的檔案中來查閱相關訊息。做出決定後，請再找一個額外的訊息來源（搜尋網路或詢問某人）作諮詢，並用一句話寫下新訊息如何支持或反駁你的決定。例如，在決定給予客戶折扣後，你可能從同事那裡得知這位客戶上週也獲得了相同的折扣。如果新的訊息與你的決定產生衝突，就返回再多研究這個問題。

◎找到共同的主題

透過比較和對比你在研究期間收集的訊息，找到不同資料的共同點，你可以獲得新的見解。使用以下練習：在研究一個問題後，將收集到的訊息整理成三到五個要點，並寫下共同的主題。例如，你發現一些員工錯過了最後期限，一些員工完成了錯誤的任務，還有一些捲入激烈的衝突，這裡的共同主題是團隊缺乏協調。

◎基於多個來源的基本決策

使用與過去做決定參考的不同來源來練習此行為：在陳述你的觀點後（透過電子郵件或會議），給出兩個證據來支持你的觀點：「我的觀點是基於……和……。」例如，如果你認為一個會議應該重新安排，你的依據可以是幾個關鍵人物告訴你他們無法參加，並且會議議程未按時準備好。

技能6：思考解決方案

思考解決方案，是指根據明確的標準，仔細評估一個問題的多種解決方案，這是有效解決問題的第二步。分析訊息的重點是「獲得對問題根本原因的理解」，但思考解決方案的重點是「識別和評估問題的可能解決方案」。我們的研究發現，高效領導者在思考解決方案時有以下微行為：

1. 針對一個問題透過腦力激盪找出多種解決方案，而不僅僅是一種。
2. 確定解決方案的優缺點，並對可行性進行批判性評估。
3. 透過清楚說明理想解決方案的特徵、以及解決方案需要達到的目標，確定你將用來選擇最佳解決方案的標準。

為什麼該技能對領導力很重要

解決複雜的問題需要時間，想到的第一個解決方案不太可能是正確的。這就是為什麼思考解決方案是如此重要的領導技能。作為一個領導者，你每天都要面對很多問題，即使你已經做調查，也很難每次花了時間和精力後，都能找到解決每個問題的最佳方案。這項技能使你能考慮所有的選擇，並確保你不會隨意選定進入腦海的第一個解決方案，或者因受挫而做出一個反應性決策。這種反應性決策常常導致無效的解決方案，只能解決表面問題，並不能解決根本問題。

在工作中，思考解決方案與分析訊息的技能對領導力的重要性一樣，比如要實施新系統和新流程、提高營運效率、以及組合和重組業務部門等。在對問題進行徹底分析之後，你必須想出許多可能的解決方案，並根據設定標準對其進行評估，然後再決定哪個是最佳行動方案。你不能只湊合著用你想到的第一個解決方案。對於如何重新設計工作流程或重組業務單位，你有許多選擇，每個選擇都有各自的優點和侷限。作為一名領導者，你需要了解你的選擇和它們的缺點。制訂理想解決方案的明確標準，可以確保你能夠為員工和團隊選擇正確的行動方案。

有以下情形，表示你需要提高該項技能：

- 如果你對解決問題感到沮喪，只是希望問題消失。
- 如果你不考慮決策的優點和侷限。
- 如果你感到有壓力要儘快做出決定。
- 如果你通常選擇的都是你能想到的第一個決定。
- 如果你並不知道理想的解決方案應該是什麼樣子。

性格特徵與技能一致

如果你在組織性、堅韌、好奇心特徵方面得分高，可能會認為思考解決方案的行為具有內在獎勵。如果你組織性方面分數高，你可能是有條理的、系統的、勤奮的一個人，喜歡在做決定前仔細考慮。如果你在堅韌方面分數高，你很可能在壓力下會保持鎮靜、平和、冷靜。在解決問題時，你不會輕易感到沮喪或不耐煩，也不會在壓力之下草率做決定。如果你好奇心方面分數高，你就往往具有創造力和智慧，喜歡思考和解決複雜問題。如果這幾種性格特徵你都有，那你可能會從以下行為中獲得滿足感，例如運用腦力激盪得到多種解決方案、思考方案的優缺點，以及確定最佳解決方案的標準等。

五分鐘領導習慣練習

以下練習將有助於你提高思考解決問題的能力。

◎腦力激盪出多個解決方案

透過該練習，養成考慮多種解決方案的習慣：在提出一個行動方案之後（透過電子郵件或會議），列出兩個你考慮過的備選方案：「在考慮了例如……和……其他幾個方案後，我決定採用……」寫下這句話。你可能會說：「在考慮了幾個像是團隊會議和團隊培訓的選擇後，我決定每週進行一對一的檢查。」

◎確定解決方案的優缺點

養成與他人溝通的習慣，說你已經考慮過該方案的侷限性，而不只是關注該方案會如何解決你想解決的問題。在向某人提出一個想法後，用「我認為我們應該……它在……有助於……但它並不能……」來陳述你想法的一個優點和一個缺點。寫下這句話。例如，你可以說：「我認為我們應該問員工如何改進我們的產品，他們的支持會對我們有幫助，但不會幫我們拿到客戶的回饋。」

◎定義理想的解決方案

這種微行為需要有明確的標準來評估問題可能的解決方案。你可以透過列出其不同的特徵來定義理想的解決方案：當你意識到你有一個問題要解決時，寫下二至三個要點，說明理想的解決方案應該是什麼樣。例如，「我們需要一個易於實施，每個人都可以訪問並且範圍彈性的計畫。」

技能[7]：做出正確的決定

做出正確決定意味著理解手頭的根本問題，並採用一種能平衡各方所有需求、合乎邏輯的行動，這是有效解決問題的最後一步。我們的研究發現，高效領導者在做決定時的微行為有：

1. 充分理解問題和問題的根源。
2. 選擇一個客觀的行動方案以滿足每個人的需要，不對任何個人或團隊持有偏見。
3. 根據收集到的訊息採取符合邏輯的行動。
4. 即使沒掌握所有訊息，也要及時採取行動，避免分析癱瘓。

為什麼該技能對領導力很重要

世界充滿了複雜性，幾乎找不到可以解決任何問題的完美方案，但仍然有可能做出正確的決定。該技能建立在分析訊息和思考解決方案的基礎上。做出正確決策的領導者有耐心和主動，他們不會過度分析或不必要地拖延決策。他們進行研究並考慮許多不同的選擇，不會因為事情複雜或為了追求完美解決方案，就不去採取行動。透過考慮不同解決方案的侷限性，確保他們的決定能夠平衡所涉及的各方需求。良好、自信的決定能帶領團隊朝著正確的方向前進，避免錯誤地開始、走彎路，防止會挫傷下屬和破壞士氣的猜疑。

在工作中，做出正確決定對領導力的重要性，與訊息分析、思考解決方案的技能一樣，涉及實施新系統和新流程、提高營運效率、組合和重組業務部門等等。在對問題進行徹底分析並生成和評估多個不同的解決方案後，你必須拍板選擇一個行動方案。你不能再繼續收集和分析數據，然後無限期地提出可能的解決方案。你要及時選擇一個最佳解決方案，然後執行該方案。同樣地，你不能一直改變你的想法——一旦做了決定，就需要執行它並向前推進。否則，你最終只是浪費時間和資源。

有以下情形，表示你需要提高該項技能：

- 如果你害怕做出錯誤的決定。
- 如果你覺得在做決定之前需要更多的數據。

- 如果你一直在等待能出現完美的解決方案。
- 如果你經常改變主意。

性格特徵與技能一致

如果你在抱負心、組織性、適應力和好奇心幾個性格特徵上得分高，你可能會發現，做出正確決定對你來說具有內在獎勵。如果在抱負心方面分數高，你很可能自信又果斷，不會被決策癱瘓所困擾，樂於在決策中冒險。如果你在組織性得分高，你可能是有條理、有系統又勤奮的人，喜歡在做決定前仔細考慮。如果你在適應力上分數高，你很可能在壓力下平和、冷靜，不會輕易感到沮喪或不耐煩。如果你好奇心方面分數高，你就往往具有創造力和智慧，喜歡思考和解決複雜的問題。這就是為什麼你可以從一些行為中獲得滿足感，比如發現潛在的問題、找到可平衡各方需求的客觀決策，以及即便沒有訊息可供參考也能及時做出決定。

五分鐘領導習慣練習

以下練習將有助於你提升做出正確決定的能力。

◎表現出你了解根本的問題

大多數的問題，是由隱藏的根本原因所引起的幾個明顯症狀而組成。解決根本原因才是最佳決策，但首先，你必須透過深入研究你試圖解決的問題的本質來確定原因。使用以下練習：在了解問題後問問自己：「問題的根本原因是什麼？」寫下你的答案。例如，你的兩名員工針對即將到來的截止期限發生了爭執。截止日期是表面問題，但你會發現根本原因是他們兩人之間缺乏信任。

◎選擇一個客觀的行動方案

總是有這樣的一種風險存在：一個決定在某種情況下會無意地使某人或團體處於不利地位。良好的決策想避免這種風險，就要確保這個方案對各方都保持客觀和公平。透過以下練習來養成這個習慣：在決定採取行動後，問問自己：「這個行動會對誰產生負面影響？影響會是什麼？」寫下你的答案。例如，你可以決定為團隊實施一項在家工作的政策，這可能會對孩子還很小的員工產生負面影響，因為孩子可能會分散員工的注意力。

◎解釋你的理由

一旦完成分析並確定了解決方案，就該採取行動。要練習解釋你的理由，讓大家知道你做的是一個合乎邏輯的決定：在你推薦一個行動方案後，可以這樣說來解釋你背後的理由：「我們應該這樣做，因為……」。把它寫下來。例如，你建議延遲產品發布：「我們應該延遲發布產品，因為初始測試中發現了許多嚴重的漏洞。發布有缺陷的產品可能會損害我們在市場上的聲譽。」

◎即使我們沒有完整訊息可參考，也要及時採取行動

不要為了收集更多數據以期找到完美的解決方案而一再推遲做決定。如果你害怕犯錯誤，或者在做重大決定時感到不舒服，就把它想成是做一系列小決定。如果注意到自己想要收集更多數據來做更多的研究，問問自己「今天我能做什麼小決定」來把任務完成。例如，如果決定全年年度預算會覺得壓力重大，你發現自己沒有確認最終預算，反而想要從同事那裡收集更多的資料，你可以把它看成是四個一系列的小決策，今天你可以先決定一個季度的預算。

技能 8 ：專注於客戶

關注客戶就是要了解客戶的需求，並且在決策過程要最先考慮這些需求。在我們的研究中發現，高效領導者在關注客戶時的微行為如下：

1. 明確定義你的客戶是誰。
2. 透過明確提出問題、收集訊息，來了解客戶當前和未來的需求，在口頭和書面溝通中強調客戶回饋的重要性。
3. 做決策時明確地參考並結合客戶回饋的主題，將客戶回饋作為決策的依據。
4. 制訂高標準的客戶服務，明確傳達對客戶行為的期望。

為什麼該技能對領導力很重要

作為一個領導者，你經常會被要求去處理日常的營運問題和緊急情況，比如人際衝突、資源不足，或者時間表制訂不合理等狀況。由於它們的即時性，這類型的問題很容易分散你對公司客戶的注意力。公司的客戶與營運問題和緊急情況一樣重要，甚至更重要——他們才是你們公司一開始存在的原因。要想成為一名高效的領導者，你必須永遠記住誰受你們決策的影響最大——你的客戶——並在你的日常工作中充分考慮他們的需求。畢竟，你的客戶應該是第一位的！

在工作中，以客戶為中心可以提升公司的客戶價值導向，提高客戶滿意度，將產品、服務與競爭對手區分開來，強化公司的品牌和聲譽，提高客戶忠誠度。你對客戶關注得越多，就越能了解他們是誰、以及他們當前的需求是什麼，更容易預測他們未來的需求。你將考慮你的決定會如何影響客戶，並確保你們團隊能提供高水準的客戶服務。透過這些行為，當客戶購買你的產品和服務時，能增加客戶獲得的利益。可以在銷售的時候改善與客戶的溝通，超出客戶的期望。

有以下情形，表示你需要提高該項技能：

- 如果你在做決定時沒有考慮到顧客。
- 如果你不清楚你的客戶是誰。
- 如果你的客戶並沒有成為回頭客並購買更多。
- 如果你認為你已經知道客戶需要什麼和想要什麼。

- 如果你的客戶經常對你們的產品或服務不滿意。
- 如果你沒有每天至少為你的顧客著想一次。

性格特徵與技能一致

如果你在關懷心和好奇心這兩項得分都很高，你會發現專注於顧客對你有內在獎勵。如果你善於關心別人，你很可能具有洞察力、支持力和同理心，擅長解讀人們的需求，並盡力確保他們滿意。如果你在好奇心上分數高，你可能是一個強大的戰略家和遠見者，喜歡解決複雜的問題，並為不同的業務場景制訂策略。如果你有以上的性格特徵，你很可能會從以下行為獲得滿足感：提供高水準的客戶服務、了解客戶的需求、以及將客戶回饋納入你的決策中等行為。

五分鐘領導習慣練習

以下練習將有助於提升你專注於客戶的能力。

◎定義你的客戶

讓每個人都知道你如何用具體的術語定義你的客戶群。養成在日常會議和電子郵件中定期引用這個定義的習慣。在討論了內部營運問題後，提醒你的團隊，你們要從根本上為客戶解決問題：「這是最終的解決方案（為定義客戶），客戶是我們的首要任務。」例如，學校校長可能會說：「這是這個學校的家長和學生的最終解決方案。他們是我們的首要任務。」

◎研究客戶的需求

透過本練習，了解你的客戶現在想要什麼，並預測他們將來想要什麼。午餐結束後，花五分鐘時間閱讀行業報告或客戶調查，研究客戶需求趨勢。寫下你新學到的事情或新得知的訊息。例如，你可能會了解到你的客戶現在只休幾天的短假期，一改過去長達幾週的假期。

◎根據客戶回饋做出決定

這種微行為是將客戶的回饋直接納入你的日常決策過程。當你意識到你需要做一個決定時，問問自己：「我能將哪些客戶回饋融入到這項決策中？」寫下你的答案。例如，如果你必須決定在哪裡外包生產，你的客戶說他們欣賞歐洲的設計，你就可以考慮將生產轉移到中歐或東歐，而非亞洲。

◎期待高標準的客戶服務

透過本練習，強調與客戶的日常互動中，你認為對顧客最恰當的行為。在會議討論了最後一項議程後，重申你希望員工如何對待客戶：「我希望你……」把它寫下來。例如，如果是對負責ＩＴ服務的經理，你可以說：「我希望你對我們的服務對象有耐心，要迅速解決他們的問題，讓他們感到自己受到重視。」

領導變革

領導變革是一套領導技巧，主要在於推動變革，讓每個人都參與進來，促使變革在組織中發生。這些技能在以下情形中尤其重要，當你需要推動創新、塑造持續改進的文化氛圍、實施新的組織戰略或重新關注新市場的時候。該類別中有三種領導技巧：宣揚願景，創新和管理風險；後兩者是在同一範圍對立的兩種技能——一些領導者傾向於規避風險，這使得他們無法進行創新，而另一些領導者則傾向於不計後果地創新，這使他們的組織面臨不必要的風險。

技能9：宣揚願景

宣揚願景是指，以組織的美好願景來激勵他人並說服他人接受組織。我們的研究發現，高效領導者在宣揚願景時所做的以下微行為：

1. 為組織的未來狀態描繪一幅生動畫面，讓他人可以預見終點的模樣。
2. 傳達三到五年內具體的長期目標。

3. 符合追隨者的個人價值觀和需求，使公司願景與他們相關。

為什麼該技能對領導力很重要

對公司的發展方向有一個清晰的認識，可以激勵人們更加努力工作，以及為他們提供一個方向，這樣他們就能理解什麼更重要，什麼沒那麼重要。當你實行改變時尤其如此。變化帶來阻力和不確定性，當你為大家提供一個清晰、生動、引人入勝、易於理解記憶，並且與個人相關的願景時，人們會更容易接受改變。

在工作中，宣揚願景對於領導力挑戰非常重要，這些挑戰要求你建立戰略方向、啟動初創公司、打造新產品和服務，或者實施新的組織戰略。在確定組織的長期方向和範圍之前，你必須有明確的目標和願景。同樣的，如果你要啟動新的組織、業務部門或提供新的產品和服務時，必須讓你團隊中的每個人都對新方向有充分的了解，才能使其成為現實。

有以下情形，表示你需要提高該項技能：

➤如果你認為戰略規劃和願景練習不切實際且毫無用處。

- 如果遠景和長期目標對你來說只是毫無根據的猜測。
- 如果你因為害怕達不到目標而不想承諾任何長期目標。
- 如果你不能用一句話概括你的組織的願景。
- 如果你的員工不明白組織的目標，並且不清楚該目標如何使他們個人受益。

性格特徵與技能一致

如果你在抱負心和外向性格上得分很高，你會發現宣揚願景對你是有回報的。如果你抱負心方面分數高，你很可能充滿自信、精力充沛、有說服力和影響力，熱愛發起新專案、推進提升進步，並為未來提供想法和計畫。如果在外向型性格方面分數高，你可能富有魅力、健談、有活力又充滿熱情，喜歡表達興奮並迫使別人採取行動。如果你有以上幾種性格特徵，你可能會從以下行為中獲得滿足感，比如描繪組織的未來圖景，設定長期目標，以及迎合員工的個人價值觀和需求。

五分鐘領導習慣練習

以下練習將有助於提升你描繪宣揚願景的能力。

◎描述生動願景

要每天練習這種微行為，清楚描述你要求他人執行的任務結束時的狀態——哪些可見的跡象證明此人已經完成了任務。以下練習將幫助你把這種視覺化的技巧變成一種習慣：在要求某人完成任務後，請描述你需要查看的第一個結果，以便確認任務已完成，「該任務完成的時候，會像是……」。例如，如果我讓你訂購耗材，在看到置物櫃庫存充足後就知道你已經完成了。

◎長遠考慮（三到五年）

一般來說，組織目標的跨度為三到五年。你可能不會每天都制訂一個長達幾年的目標，但你可以將它應用在你的日常工作，來練習長遠思考的技能。在討論一個任務後（透過電子郵件或會議），可以陳述「在三到五年內，我們可能會做……」，來說明該任務在三到五年後會有什麼不同。例如，在討論一個新網站的計畫時，你可以說：「在三到五年內，我們可能會把所有的產品訂製都整合到線上購買體驗，這樣客戶就可以在線上購買完全客製化的產品，而無須與我們的銷售人員互動。」

◎讓願景與個人相關

這種微行為包括將願景轉化為員工個人重視和渴望的東西——會讓他們明顯受益的東西。透過練習來養成這樣的習慣：使專案、任務和想法都與涉及的個人息息相關。在宣揚傳達一個新專案或想法後，可以說：「（這個專案）對你個人的利益是……」強調與他們個人會有如何的相關性。例如，當要求銷售人員在網路社群媒體上為公司撰寫行銷推文，你可以說：「這對你個人的利益是，能夠在公司網站和社交媒體上獲得知名度，你可以將自己打造為一個思想領袖。」

技能 10 ：創新

創新是對重要問題提出創造性的解決方案。在我們的研究中，我們發現了高效領導者在創新和革新時的微行為有：

1. 採用全局式的方法將看似無關的想法結合在一起，打破常規思考，察覺訊息之間其他人沒看到的關聯。

2. 運用腦力激盪提出創造性的解決方案，要新穎、獨特和出人意料。
3. 慶祝並鼓勵嘗試有計畫的冒險和新鮮事物。
4. 把創新專注在有意義且急迫需要創新的問題上，而非為了創新而創新。

為什麼該技能對領導力很重要

無論是提供更好的客戶服務、創造產品，還是協調團隊工作，其中總會存在改進的空間，這就是創新——把事情做得更好。善於創新的領導者，會透過在競爭中創造差異化的產品和服務，為組織提供競爭優勢。此外，他們還會透過支持創新想法、戰略思考和挑戰現狀來助推他人進行創新。

在工作中，領導力的創新導向會塑造一種鼓勵嘗試和持續改進的文化氛圍，並激勵團隊更具創造力。鼓勵產品、服務和日常業務營運保持進步，為公司創造並保持競爭優勢。

有以下情形，表示你需要提高該項技能：

▼如果你不想改變。

- 如果你只看到以不同方式做事的風險。
- 如果在面對變化時，你會問：「我們現在的做事方式有什麼問題嗎？」
- 如果你總是用同樣的方法解決問題。
- 如果你想像不出一個問題的創造性解決方案是什麼樣子。

性格特徵與技能一致

如果你在好奇心得分高，在組織性得分低，你會發現創新對你具有內在價值。如果你在好奇心分數高，你通常是創造型的人，你喜歡提出新穎、不同的做事方式的建議，討論新的想法，鼓勵別人朝新的思路思考，嘗試新的方法。如果你在組織性分數低，你可能更有彈性，更能包容不確定性，這是創造力的先決條件。（相比之下，高度有組織的人傾向於規避風險、嚴格遵守現狀、牴觸改變，這些特質讓他們很難創新。）如果你好奇心強但組織性差，你可能會從以下行為獲得滿足感，例如，透過腦力激盪得到創造性的解決方案、或鼓勵他人嘗試新方法等。

五分鐘領導習慣練習

以下練習將有助於提升你的創新能力。

◎把看似無關的想法結合起來

創造性的視角，通常出現在你發現兩件事之間的共通點時，而這兩件事最初看起來並無關聯。要養成「跳出固有思維模式」的習慣，可做以下練習：當你或別人用「但是」這個詞來描述兩種相反的觀點時，問問自己：「這兩件事是如何連結在一起的？」寫下答案。例如，有人會說：「大多數客戶都喜歡我們的產品，但也有一些人討厭它。」在兩個明顯對立之間的連結是，所有客戶對你們的產品都有強烈的情緒反應。

◎以創意的方式解決問題

在本練習的背景下，創造力意味著以非傳統的方式解決問題，換句話說，不是使用大多數人使用的既定過程。你可以每日腦力激盪，提出創造性的方式解決問題，想像你有一個無限的預算可用來解決問題。在了解問題後，問問自己：「如果我擁有世界上所有的錢，我將如何解決這個問題？」然後寫下一個想法。例如，你可能意識到，為了提供更好的服務給客戶，你需要建立一個新團隊，在向所有客戶推廣新的解決方案前，先對團隊進行測試和記錄。

◎鼓勵嘗試

該練習可以讓你養成這種習慣：鼓勵他人嘗試新方法並從中學習。當有人提出新想法後詢問：「嘗試這個會怎麼樣？」寫下答案。聽完細節後，你可能會決定試用這個新想法。

◎把創造力的精力集中在有意義的問題上

如果創造性思維不是為重要問題提供解決方案，那就是浪費精力。以下練習將幫助你養成把創新集中在重要事情上的習慣。提出一個新想法後，問問自己：「這會如何解決我們最重要的問題？」寫下答案。例如，你建議公司把擁有的辦公樓層一部分租出去，額外的收入將成為穩定的新收入來源，用以解決公司季節性現金流不一致的問題。

技能11：管理風險

管理風險是：預測來自多方面的威脅並制訂計畫以應對這些威脅。在我們的研究中發現，高效領導者在管理風險時會有以下的微行為：

1. 預測來自多個領域的威脅，運用腦力激盪模擬不同問題的場景。
2. 擁有的創新方法包括試點測試和回饋循環。對於新想法，在實施前先進行測試，並列出追蹤進度。
3. 制訂應急計畫以處理錯誤和失敗，總是準備好B計畫。

為什麼該技能對領導力很重要

身為領導者，擁有超多好東西是可能的，即使是創新和雄心壯志。不斷追求新的解決方案和大的目標，可能會導致魯莽的決策，從而增加風險。魯莽和風險過大的可能後果，包括客戶滿意度和品牌忠誠度的降低、財務損失以及對你聲譽的損害。因此，負責任地管理風險對你的成功至關重要。創新者有時會對變革和新奇事物「上癮」，急急忙忙地實現每一個嶄新閃亮的風潮，而不考慮其對組織的長期風險。還有些人可能在追求成功的過程中過於激進，設定的目標過於雄心勃勃，與現實相去甚遠，根本無法實現。

在工作中，風險管理對於你的創業（一個新的組織或部門）、開發新產品和服務、或進入新市場等創業活動尤為重要。在企業家的冒險行為和魯莽之間有一條細微的界限。你總是會遇到一些風險比其他更大的商業機會，你必須具備預測和有效管理這些風險的能力。

有以下情形，表示你需要提高該項技能：

- 如果你只是為了改變而改變周圍的事物。
- 如果新的、有光澤的東西讓你感到興奮，你渴望並一定要擁有它們。
- 如果你的目標真的宏偉且大膽，但很少能實現。
- 如果你從不測試你的想法就直接付諸實行。
- 如果你對設有B計畫持懷疑態度。

性格特徵與技能一致

如果你在有組織性得分高，在抱負心方面得分低，你可能會發現管理風險是有益的。如果你組織性分數高，你很可能是保守的、可信的、可靠的和勤奮的（但是如果你很有條理，你可能傾向於規避風險）。如果你抱負心分數低，你很可能是懶散的、不著急的，不願意承擔責任的。有了這些性格特徵的結合，你可能就不容易做出冒險的決定，你可以從預測風險、測試想法和制訂應急計畫等行為中獲得滿足感。

五分鐘領導習慣練習

以下練習將有助於改善你管理風險的能力。

◎預測來自多個領域的威脅

風險可能來自任何地方，比如內部營運、客戶需求的變化、供應鏈的創新、顛覆性技術的出現以及全球經濟的變化。每天堅持以下練習，可以養成預測的習慣。做出決定後，問問自己：「在營運、客戶或經濟中發生了哪些變化會對我的決定構成威脅？」寫下你的答案。例如，如果你決定為你的零售店投資擴建停車場，那麼全球油價的上漲可能會對你的決定造成威脅，因為很多顧客可能就不會開車去。

◎測試你的想法

在你決定實施任何新想法之前，先對其進行試點測試，以了解它在執行中的作用。你可以在想出一個點子後，找出一個低風險的方式來試驗可行性。然後寫下你的想法。例如，如果你想出一個改進產品的想法，先做一個實物模型，在進行大規模投資前，把它拿給幾個值得信賴的客戶看一下。

◎制定B計畫（備選計畫）

透過練習來養成這種習慣：制訂應急計畫來處理錯誤和規避失敗。在提出一個問題的解決方案後，問問自己：「如果我的解決方案不奏效，我該怎麼辦？」寫下你的B計畫。例如，如果你計畫舉辦一個線上會議，你的B計畫可能是一個備用電話和網路線路，以防有人連不上網路。

Chapter 7

專注於人

以人為本的領導技能就是保持讓他人參與、被激勵和得到滿足。擁有這些技能的領導者，透過建立和維護關係來支持他們的追隨者。他們往往極具人格魅力，有很強的人際交往能力，能有效地激勵和影響他人，積極地幫助他人成長和發展。我的研究團隊確定了十一種以人為本的領導技能，這些技能分為三類：說服力和影響力、成長中的人與團隊、以及人際交往能力。

說服力和影響力

說服力和影響力是一種領導技能，能激勵人們實現組織的目標。作為一個領導者，你要引導別人來執行任務，這意味著你需要說服和影響他們來完成工作。這些領導技巧在你需要實現目標的情況下尤其重要，比如讓團隊與組織戰略保持一致，合併、重組業務單位，與供應商和合作夥伴建立戰略聯盟等。該類別中有三種領導技巧：影響他人、克服個別抗拒、優質談判。

技能 12 ：影響他人

影響他人是指：透過發現問題並提出令人信服的論點來影響他人的思維和行為。在我們的研究中發現，高效領導者在影響他人時的微行為如下：

1. 預測他人將對新想法、新計畫和新提議做出怎樣的反應。
2. 提出有針對性的問題來探究人們的關注點。
3. 能巧妙地將討論從表面問題引導到根源問題，以確保解決的是問題的根本原因，而不僅僅是表面症狀。
4. 發現隱藏的需求，這樣你就能準確並全面地滿足人們的需求。

為什麼該技能對領導力很重要

有一項事實與普遍看法相反，就是大多數正式的領導職位只有有限的影響力。當然，你可以用專制的態度來命令周圍的人，通常這會導致服從，但服從並非承諾。人們會執行你告訴他們的任務，但不會盡全力。作為一個領導者，你的工作就是激勵人們去完成他們的任務，因為他們相信你要求他們做的是正確的行動。因此，預測人們對新計畫、新想法和新提議的反應很重要。你需要聽取和了解他們關注的問題，並有效地解決這些問題。當人們覺得他們有被傾聽，知道你已經考慮過他們的觀點，他們會更願意接受你的要求。因此，要把事情做好，你必須獲得的不單單是服從。你必須讓人們相信你的想法和新措施，並致力於實現它們。

在工作中，讓你的追隨者加入團隊是至關重要的，尤其是在團隊與組織戰略保持一致、實施新系統和新流程，以及合併和重組業務單位方面。如果你不能有效地使用影響策略，你將很難引導改變，一般來說，你會發現很難激勵人們去做需要做的事情。

有以下情形，表示你需要提高該項技能：

- 如果你很難激勵人們去做需要做的事情。
- 如果你希望人們完成任務，只是因為你告訴他們應該如此。
- 如果你很驚訝他人對你的計畫有負面反應。
- 如果人們對你想做的改變產生抵制。
- 如果你無法說服別人你的方式是正確的。

性格特徵與技能一致

如果你在抱負心和適應力上得分很高，你可能會發現影響他人是一種內在的獎勵。如果你在抱負心方面分數高，你可能很充滿自信，很有說服力，喜歡影響別人。如果你在適應力方面分數高，你可能在壓力下很冷靜、平和、沉穩，不會感到不耐煩，也不會輕易受挫。如果以上兩項性格特徵你都有，你可能會從以下行為中獲得滿足感，比如預測別人對計畫的反應、關注別人的憂慮，以及提出堅實有力的論點。

五分鐘領導習慣練習

以下練習將提高你影響他人的能力。

◎預測反應

人們對新想法大多消極應對，尤其當那些想法對他們的工作和個人生活有直接影響時。運用本練習來養成習慣後，你就能預料到人們的反應，並準備一個更好的影響策略。檢查完下次會議的日程表後，寫下一句話，描述你認為你要見面的人會對計畫討論的話題有何反應。例如，如果你打算討論公司新標識的創意，你可以寫下：「我認為蘇西會喜歡這個顏色，但她可能不喜歡這種形狀。」

◎詢問問題

當人們感受到自己的問題被傾聽時，人們更有可能接受新想法和新的做事方式。使用以下練習問一些人們關心的問題。在某人表達了擔憂或不滿後（透過電子郵件或會議中），問一個有針對性的問題，能更理解對方的立場，像是：「你為什麼會擔心這個呢？」例如，如果你的團隊中有人對公司使用的線上會議軟體不滿意，你可以問他：「你為什麼對我們使用的軟體感到擔心？」以便更理解他的擔憂。

◎引導討論，指向根本原因

通常人們的擔憂來自於他們對所面臨問題的誤解。透過以下練習，你可以養成幫助人們找出問題根源的習慣。在有人向你描述了一個問題後，承認問題並說：「我明白這是一個問題，但我想知道，它是否可能是另一個根本問題的表面狀況？」以此來挖掘根本的問題。例如，如果有人抱怨他的同事不可靠，錯過了最後期限，根本的問題可能是，那個錯過最後期限的人因承擔了太多的任務而不堪重負。

◎發現並處理隱性需求

當人們抱怨某事時，通常在抱怨中隱藏著一個需求。如果你發現了隱性需求是什麼，你可以透過一個可靠又合理的解決方案來滿足該需求。使用以下練習：聽到別人抱怨後，問他們的隱性要求是什麼：「謝謝你說出你的問題。你有什麼要求呢？」例如，如果客戶抱怨收取滯納金，他們可能會要求你免除這些費用。

技能13：克服個別抗拒

克服個別抗拒是透過解決人們的恐懼和反對，並說服他們採取行動，來消除他們不願改變的態度。在我們的研究中，發現了高效領導者在克服抗拒時有以下微行為：

1. 透過承認和說出人們的負面情緒，明確解決他們的恐懼和不情願。
2. 強調人們會如何從改變中獲益來推銷改變的好處。
3. 進行討論、達成共識。定期溝通相關各方的理解，並總結討論期間達成的協議。
4. 強調共同的目標來說服人們採取行動。

為什麼該技能對領導力很重要

「改變」從來都不是一件容易的事情。人們對改變往往能避則避，不能避開就抗拒。提出要人們以不同方式做事的任何要求，都有可能遇到阻力，無論是被動的還是主動的。作為領導者，你需要了解抗拒來自哪裡，當面解決任何強烈的情緒問題，並集中尋找共同點。抗拒通常來自於恐懼和不確定性。抗拒型的人並不是想讓情況變得困難或讓你的日子變痛苦，他們只是害怕未知的事物，需要確信你會在他們身邊。

在工作中，你必須善於克服個別的抗拒，以便有效地使團隊與組織戰略保持一致，提高客戶滿意度，以實現新的系統和流程。如果你不及早解決掉抗拒情緒，向大家表明你與他們同在，他們的消極情緒就會蔓延開來。從個別的抗拒開始蔓延成整個組織的抗拒運動，嚴重損害你們實現組織目標的能力。

有以下情形，表示你需要提高該項技能：

- 如果人們公開反對你的計畫和想法。
- 如果你意識不到人們的恐懼和不安，或無同理心。
- 如果你很難清楚地說明一個人在變化後生活如何變得更好。
- 如果你似乎無法與一個特定人士達成協議。
- 如果你不能說服某人採取不同的行動。
- 如果你無法找出你與抗拒者的共同點。

性格特徵與技能一致

如果你在抱負心、外向性格和適應力得分較高，你可能會發現，克服個別的抗拒對你是有意義的。如果你在抱負心方面分數高，你可能充滿自信，很有說服力，喜歡影響別人。如果你外向性格方面分數高，你可能很有魅力，健談，熱情，能很快建立融洽的關係。如果你在適應力方面分數高，你可能在壓力下很冷靜、平和、沉穩，不會感到不耐煩，也不會輕易受挫。如果你有以上這些性格特質，你很可能會從這些行為中獲得滿足感：解決人們的恐懼、向他們宣揚改變的好處、達成協議以及說服人們採取行動。

五分鐘領導習慣練習

以下練習將提高你克服個別抗拒的能力。

◎解決恐懼

抗拒通常來自於強烈的負面情緒，比如當人們因面對改變而感到威脅或害怕的時候。承認負面情緒並幫人們認識這些情緒，是克服抗拒的有效方法。可以使用這個練習：詢問讓人們感到恐懼和不情願的部分。在注意到哪怕是最輕微的抗拒後，問一個問題來了解對方的顧慮，比如：「能否告訴我，你覺得這樣做哪裡不對嗎？」或者「我同意你的觀點，但是……。」例如，一個同事可能從中表現出輕微的牴觸，你可以問：「能否告訴我，這對你來說哪裡不合適嗎？」

◎強調改變的好處

從理性層面上看，抗拒也可能來自於對改變的誤解或對改變的好處缺乏認識。使用以下練習讓人相信改變的好處。在確定需要更改的程序後，問問自己：「大家如何從工作流程的改變中受益？」用一句話把它寫下來。例如，簡化品質保證流程的好處是員工填寫的單據更少，從而減少了加班時間。

◎找到兩個能達成共識的地方

這種微行為需要在定期討論中總結你們一致的地方，向對方表明你站在他那邊，並非是他的敵人。可以善用以下練習：在開始一段對話後，專注找出兩個能達成一致的部分。一旦你發現了，就總結說：「在我看來，我們關於……的觀點是一致的。是這樣嗎？」例如，你可以表達出你們都致力於解決正在討論的問題，並且希望達成一個雙方都認可的解決方案。

◎確定並強調共同的目標

如果你能讓人們相信某項行動與他們的目標有關聯，那麼克服對方的抗拒就會更容易。使用以下練習確定共同的目標：在結束會議後，寫下你和其他與會者的一個共同目標。例如，你們的共同目標可能是順利推出產品，或者滿足顧客需求。

技能14：優質談判

優質談判意味著在商談中達成了雙贏協議。在我們的研究中發現，高效領導者在談判時有以下微行為：

1. 溝通你們的意圖以找到一個雙贏的解決方案，並專注在了解對方主要的關注點。

2. 協助解決問題，有意地將雙方的目標、想法和訊息引進討論。
3. 解釋首選的解決方案會如何增加價值，描述其積極的影響。
4. 具體說明後續步驟，並明確要求就這些步驟達成一致。

為什麼該技能對領導力很重要

作為領導者，即使你沒有意識到，你也可能每天都在參與談判。每當你試圖透過對話與另一方達成協議時，你就是在談判。有時你的談判是正式的，比如和客戶談判合約或者探討公司的新政策。有時候你的談判是非正式的，比如解決與團隊或同事的衝突。不管怎樣，所有的談判都是人際互動，這意味著各種談判從根本上講的就是「關係」。談判可能會損害潛在關係，也可能會加強這種關係，這取決於你如何處理情況。如果你談判順利並取得有利於雙方的結果，你就會建立信任並改善與對方的關係。但如果你在談判中勝出是以對方受損為基礎的話，那雙方的關係將受到損害。

儘管談判技巧對每個領導者都很重要，但當你的目標是與供應商、零售店或合作夥伴建立戰略聯盟時，這些技能的重要性將加倍。你需要運用強大的談判技巧與其他公司或經營者建立互利關係，以追求共同的業務目標。同樣的，當你的目標是透過合併營運和新的合作對象來拓展業務時，強大的談判技巧在併購交易中就非常重要。

有以下情形，表示你需要提高該項技能：

- 如果你把談判看成一場比賽，即使別人輸了你也要贏。
- 如果你離開談判桌，感覺自己是吃虧的一方。
- 如果你在談判中害怕自己可能會失去很多，怕自己會屈服。
- 如果你對採取強硬立場來捍衛自己的觀點感到不適。
- 如果談判讓你感到壓力，而且你會主動迴避。
- 如果你在談判中更多的時間是在交談而非傾聽。

性格特徵與技能一致

如果你在抱負心方面得分高，在外向性格方面得分低，在適應力方面得分高，你可能會發現談判對你有益。如果你抱負心分數高，你可能自信、果斷、精力充沛、有說服力、有影響力，喜歡談判。如果你外向性格分數低，你可能很沉著、保守，喜歡聽別人說話。如果你在適應力上分數高，你可能在壓力下很冷靜、平和、沉穩，不會感到不耐煩，也不會輕易受挫。如果你有以上這些性格特質，你可能會從像是尋找雙贏解決方案，共同解決問題以及就後續步驟達成協議等行為中獲得滿足感。

五分鐘領導習慣練習

以下練習將提高你的談判能力。

◎爭取雙贏的解決方案

可以先明確說明你想要尋求雙贏的解決方案，為你的談判奠定一個積極的基調。你可善用以下練習：在意識到討論已經轉變為談判後，明確說明你想找到一個雙贏的解決方案，可以說：「找到一個我們都滿意的解決方案對我來說很重要。我想要理解你的主要關注點是什麼。」

◎一起解決問題

當人們覺得他們是在一起解決問題時，他們更有可能在談判中達成一致。使用以下練習，將談判轉變為共同解決問題的討論。在聽到某人發表意見後，將這個想法納入討論中，作為協助解決問題的機會：「我們一起解決這個問題。確定理想的解決方案時，我們怎樣才能運用你的想法（總結一下對方的想法）？」例如，你可以將對方推銷品牌產品的想法融入公司行銷策略的談判中。

◎強調首選解決方案的好處

根據定義，雙贏談判會為雙方都帶來好處。使用以下練習解釋你的首選解決方案如何創造雙贏局面：查看你安排的日程並對可能涉及談判的會議做預測，用一句話寫下你的首選解決方案、以及它給雙方帶來的好處。例如，如果與經銷商建立戰略合作夥伴關係是你的首選解決方案，那麼帶來的好處就是得到新的客戶群，他們可以為你和經銷商創造額外收入，同時降低銷售成本，因為你和經銷商會分攤這些費用。

◎要求就後續步驟達成一致

除非雙方都理解後續步驟並達成一致，否則談判無法取得預期的結果。使用以下練習，養成在結束討論前尋求確認的習慣。當意識到討論即將結束時，陳述你對後續步驟的理解：「就我的理解，我們接下來的步驟是……你同意嗎？」

促進個人和團隊成長

「促進個人和團隊成長」是一種著重在授權員工的領導技能，幫助他們發展，使他們在工作中變得更好，在個人和職業生活中取得成長進步。作為一名領導者，你必須確保你的下屬能提高自己的技能，專注於自己的工作，並且你必須留住最優秀的員工。當你需要提高個人或團隊的表現時，這些領導技能尤其重要，像是提高員工滿意度、參與度和留職率，打造卓越的企業文化。該類別中有三種領導技巧：授權他人、指導和訓練、建立團隊精神。

技能15：授權他人

授權他人意味著賦予他們決策權，並在不轉移責任的前提下提供支持。在我們的研究中發現，高效領導者在授權他人時有以下的微行為：

1. 適當地分配決策權，避免兩個極端：不會因過多的責任不堪重負，也不會被過於事無鉅細的管理占據時間。

2. 在不轉移責任的前提下提供支持，讓他們為自己負責的問題承擔責任，可透過充當他們的顧問來提供支持。
3. 設置檢查節點並標示相應的重要階段來追蹤進度。
4. 指導他人克服障礙，幫助他們克服挑戰。

為什麼該技能對領導力很重要

為了得到更好的結果，你的團隊需要A類員工（指表現突出的員工），而你作為領導者的工作，就是幫助你的員工成長為A類員工。當人們被授權時，才可能會成長——即他們可以自己做決定，自己對結果負責，能夠直接體驗他們行動後的結果。如果你不授權他人做決定，你的整個團體成員有可能覺得無助，他們只是做你告訴他們的事情，沒有自信或能力可以獨立思考與行動，而且你會成為團隊的決策瓶頸。

在工作中，授權他人將幫助你提升團隊的創新水準，提高員工的留職率和參與度，並建立高績效的團隊文化。高效領導者會為創造力製造空間以改進產品、服務和營運品質，這意味著給員工空間讓他們嘗試自己的想法，提供適當的自由度讓他們為自己做決定。當員工被賦予權力時，他們會與整個團隊和組織產生積極的連結，會致力於取得更卓越的結果。

有以下情形，表示你需要提高該項技能：

- 如果你很難讓別人做決定。
- 如果你覺得別人需要你的意見來做出「正確」的決定。
- 如果你喜歡為別人解決問題。
- 如果你確信你的建議是免費送給別人學習的禮物。
- 如果你認為提供支持就是告訴人們該做什麼。

性格特徵與技能一致

如果你在關懷心方面得分高，而在組織性得分低，你可能會發現授權他人對你有益處。如果你很善於關心別人，那麼你很可能具有洞察力、支持力和同理心，喜歡為員工挺身而出，願意傾聽他們的想法。如果你缺乏組織性，你可能更有彈性，更能容忍不確定性。相反的，如果你組織性分數很高，你可能會因為做事嚴格、控制慾強和完美主義傾向，而對他人進行鉅細靡遺的微觀管理。如果你有以上兩種性格特徵，你可能會從以下行為獲得滿足：與他人分享決策權、保留責任並提供支援、指導他人等。

五分鐘領導習慣練習

以下練習將會提高你授權他人的能力。

◎透過分享決策權來授權他人

當你委派任務時，你只是把任務或專案分配給其他人，但是當你交付任務和專案的同時一併轉交他們決策權，你就是在授權。運用以下練習來養成分享決策權的習慣：在給團隊成員分配任務後說：「你願意做這項任務中的哪些決策呢？」例如，你可以明確告知，他可以決定價值在二千美元以下的旅行消費決策。

◎在不推卸責任的情況下提供支持

要真正授權他人，你必須允許他們對自己負責的問題提出自己的解決方案。然而，這並不表示你要有「不成功便沉淪」的心態。練習在不推卸責任的情況下提供他人支援：當有人表示擔心或沮喪時，你要認可並詢問如何提供幫助，可以說：「我知道你擔心……我可以如何幫你呢？」

◎同意下一個檢查節點

高效領導者無需微觀管理即可監控進度。你可以讓負責任務的人自己決定他們認為該任務的定期檢查點和重大要點，以確保任務在正確的軌道上運行。使用以下練習來養成這個習慣：在討論完某人的任務細節後，詢問確認下一個檢查點以便達成共識：「我們應該何時再來追蹤你的進度，到那時我們可以期待你交出什麼成果？」例如，你可以同意兩週後檢查進度，並完成簡報PPT初稿供審閱。

◎藉由排除障礙進行指導

指導人們克服障礙並不表示要給他們建議或為他們解決問題，而是意味著幫助他們找到方法來解決自己正面臨的挑戰。使用以下練習，學會提問而不是告訴人們如何解決他們的問題。當有人帶著問題來找你時，提出問題而不是提供解決方案和建議：「是什麼造成這個問題？你做過哪些努力來解決它？」

技能16：指導和訓練

指導和訓練意味著透過回饋訊息、具挑戰的任務、反思和建議，積極促進他人成長發展。在我們的研究中發現，高效領導者在指導和訓練員工時有以下微行為：

1. 提供及時的、聚焦於行為的回饋，該回饋的內容要是針對行為而非性格特徵的描述。例如，「你沒有按時完成報告」而不是「你很懶得寫報告」。
2. 為人們的發展提供具體的、有用的建議，幫助他們改進。例如，對問題行為進行腦力激盪。
3. 與人們合作共同草擬他們的發展計畫，而不是規定他們需要改進什麼和如何去做。
4. 促進反思，幫助人們認知他們的經歷，提高他們自己的學習能力。

為什麼該技能對領導力很重要

人們不會透過上課或讀書來提高技能。作為他們的領導者，你的工作就是透過回饋、挑戰性的任務、建議和反思來積極幫助他們發展。如果你不把你的時間和精力投入到培養團隊成員上，他們就會停止學習停滯不前，變得心不在焉，最後工作表現也會變差。

在工作中，指導和輔導將幫助你改善客戶服務，提高團隊成員的表現和參與度，並建立一個持續改進的文化。不要讓自己太過專注於完成任務，以至於忽略了幫員工成長的重要性，也不要只關注表現最差的員工而犧牲其他人的利益。透過使用回饋、建議和反思來幫助你的所有員工發展他們的技能，你會讓整個團隊做好準備，面對任何可能出現的挑戰。

有以下情形，表示你需要提高該項技能：

- 如果你不認為員工發展是你工作的一部分。
- 如果你對員工的發展建議是「讀一本書或參加一門課程」。
- 如果你很難在完成工作和幫助別人成長之間找到平衡。
- 如果你只關注於對低績效者的指導。
- 如果你認為指導就是告訴人們如何把工作做得更好。

性格特徵與技能一致

如果你在關心他人方面得分高，你會發現輔導和指導對你來說是有益的。在關懷心分數高，你很可能具有洞察力和同理心，喜歡為別人提供支持。有了這種特質，你可能會從提供回饋、有用的發展建議和促進反思等行為中獲得滿足感。

五分鐘領導習慣練習

以下練習將提高你指導和教導別人的能力。

◎提供即時回饋

及時的、聚焦行為的回饋是幫助人們了解他們自己優勢和不足的最佳方法。使用以下練習來養成立即提供回饋的習慣：在注意到別人工作中的錯誤或不正確的行為後，馬上說：「當（情況）發生時，你做了（行動），這導致（結果）。」例如：「你在填寫時間表時，漏填了第二頁，我們只好延遲支付給你。」

◎提供具體的發展建議

這種微觀行為包括嘗試提高技能，或對糾正問題的具體行為進行發想，但不包含讀書或上課。在與某人討論了一個需要改進的部分後，將討論的重點轉向確認具體的發展建議：「我們為什麼不試一試呢？你可以嘗試什麼新的、不同的方法嗎？」例如，你可以將本書中的一些練習，提議作為新的發展思考方向。

◎協作發展

有效的指導和教導是一種合作，是兩個平等個體間的對話，能共同合作幫助成長進步。運用以下練習培養習慣：將平常的會面變成幫助發展的對話和學習的機會。在初見面的聊天結束後，問對方今天想學什麼：「你今天的學習目標是什麼？」例如，有人可能想學習如何在Excel中使用特定的公式。

◎促進反思

人們在嘗試中學習，然後透過反思自己的經歷來發現什麼有效、什麼需要改變。

使用以下練習幫助別人反思並從他們的經歷中學習。當有人描述了最近的一次經歷後，幫助他們反思：「你認為為什麼會這樣？你從中學到了什麼？」

技能17：建立團隊精神

建立團隊精神意味著透過將團隊的使命與組織戰略連結起來，幫助團隊實現目標，從而為團隊創造一種凝聚力。在我們的研究中發現，高效領導者在建立團隊精神時有以下微觀行為：

1. 加強團隊凝聚力，明確說明團隊凝聚力的重要性及對團隊的益處。
2. 建立日常的團隊活動，以加強凝聚力。找到有助於促進團隊成員間良好關係的日常活動，讓他們感覺與團隊更緊密的連結在一起。
3. 提出實現團隊目標的流程和措施，明確團隊目標並提出如何更有效地實現目標。
4. 將個人任務與團隊的任務連結起來，解釋個人任務如何與團隊或組織的大目標相融合。

為什麼該技能對領導力很重要

在任何組織中，人都是相互依存的，每個人的工作都影響著其他人的工作。如果個別的團隊成員工作不協調，整體生產力就會受到影響。作為領導者，你必須確保你的團隊是一個有凝聚力的團隊。

在工作中，建立團隊凝聚力是持續改進文化、提高員工績效以及保留、合併或重組業務單位的重要部分。持續改進在一定程度上依賴於個人的高度協調，而這來自於更強的團隊凝聚力。有凝聚力的團隊效率更高，工作品質也更高，因為他們依績效標準制訂了更嚴格的規範，並且所有團隊成員都應該遵守這些標準。同樣地，當人們與凝聚力強的團隊有更深的情感連結時，這使得他們更有留下來的可能。

有以下情形，表示你需要提高該項技能：

- 如果你只專注於管理個人及其任務。
- 如果你在一個月內舉行的團隊會議少於兩次。
- 如果你不設定團隊目標。

➤如果你不明白一個人的工作和別人的工作有什麼關係。
➤如果你不把你的下屬視為一個團隊。

性格特徵與技能一致

如果你在關心他人方面得分高，你會發現建立團隊精神是值得的。如果你在關懷心分數高，你可能會有敏銳的洞察力、支持力、同理心和合作精神，喜歡團隊合作。由於你善解人意、樂於助人的本性，你可能會從加強團隊凝聚力、建立團隊活動、提出程序建議、將團隊使命與更大的組織戰略連結起來等行為中獲得滿足感。

五分鐘領導習慣練習

以下的練習將提高你建立團隊精神的能力。

◎提倡凝聚力

當每個成員發揮各自的努力，並擁有共同的目標或共識時，團隊就會更有效率。

使用以下練習，明確討論團隊作為一個整體的重要性和對團隊的益處。在回顧團隊會議的議程或討論要點後，強調團隊凝聚力的重要性：「作為一個整體來行動非常重要，這將幫助我們更好地達成我們的共同目標。」

◎建立日常的團隊活動

大多數人認為團隊活動是在工作之外或下班後做的事情，比如酒吧優惠時段聚會或去打保齡球，但你也可以透過和團隊成員以及組織中的其他人建立連結，來促進更強的凝聚力。在問候某人之後（透過電子郵件或當面），將他們與另一個可以幫助他們、或他們喜歡見到的人聯繫起來：「我想你會很高興見到……因為……」例如，你可以聯繫那些參與過類似任務或有相似愛好的人。

◎討論程序的改進

記住，人們的工作總是相互依賴的，人們總有機會能更好地協調他們的工作。使用以下練習養成討論程序改進的習慣，這將幫助你的團隊成員更好地協調他們的工作，並提高團隊的效率。在與某人討論一項任務後詢問：「你要和誰合作來完成你的工作？你怎樣才能更好地與此人協調工作呢？」例如，會計部門同事向你提供產品使用情況的月報，但你需要每週更新，以便能做更好的管理。

◎將個人任務與團隊目標連結起來

使用以下練習，可以幫助人們將他們自己的工作與團隊的目標連結起來。在回顧某人正在做的工作後，強調該專案或任務如何支持團隊使命，比如：「你正在做的工作……對我們的團隊目標十分重要。」或是：「你在社交媒體宣傳活動中的工作，對我們想要減少年輕人吸菸的團隊使命非常重要。」

人際交往技能

人際交往技能是一種領導能力，專注於建立人際關係和與人溝通。作為一名領導者，你每天都要和別人一起工作，所以你需要快速建立良好的工作關係。你需要傾聽人們關心的問題並清楚地和他們溝通，讓每個人都能理解該做什麼。在任何情況下，這些領導技能對實現目標都很重要。這類領導技能有五種：建立戰略關係、表示關懷、積極傾聽、清晰溝通、說話有魅力。

技能18：建立戰略關係

建立戰略關係是：迅速與關鍵人物建立融洽關係，並積極加強這些關係。在研究中我們發現，高效領導者在建立關係時有以下微行為：

1. 確定應該發展或改進哪些關係，並對各種關係的重要性和次重要性做優先排序。
2. 為關鍵人物主動提供支持（例如額外的幫助和建議）。
3. 運用共同的利益和存在的共識來建立和諧關係（例如，強調相似的目標）。
4. 為雙方創造雙贏的機會。

為什麼該技能對領導力很重要

工作關係的性質將決定你完成工作的能力。如果你與下屬或組織中的其他人關係不好，可能會導致衝突和不信任，最終影響績效。一方面，如果你對別人太過直接或苛刻，將很難激勵他們參與到工作和組織中。他們可能會覺得被冒犯，開始怨恨你和他們的工作。另一方面，如果你性格孤僻，講話輕聲細語，在社交場合常顯得尷尬，你會很難與他人建立融洽關係。不管怎樣，如果沒有建立緊密的關係，就很難成為一個高效的領導者。

在工作中，建立關係還可以使你與供應商、零售商和組織外的其他合作夥伴建立戰略聯盟。請記住，與其他公司建立互惠互利的關係，對於成功實現共同的商業目標至關重要。

有以下情形，表示你需要提高該項技能：

- 如果你害羞、輕聲細語、沉默寡言。
- 如果你在社交場合感到尷尬。
- 如果你只關心完成工作，和別人的社交關係對你來說不重要。
- 如果你為自己能直接與人交流，並真實地告訴別人你的想法而感到自豪的話。
- 如果你對閒聊沒耐心，只想直接進入議題。

性格特徵與技能一致

如果你在外向性格和關心他人方面得分較高，你會發現建立人際關係對你是有意義的。如果你在性格外向分數高，建立人際關係的行為對你來說自然很輕鬆。你迷人的人格魅力可以使你成為一個很好的健談者，很快就能與他人建立融洽關係。你可能很友好、坦率真誠，這進一步有助於你建立強大的人際關係。如果你關懷心方面分數高，你很可能具有洞察力、喜歡支持別人、有同理心和合作精神。你可以體諒和尊重員工，對他們的工作表示讚賞，為員工挺身而出。如果你有以上這些特質，你可能會從建立戰略關係中獲得滿足感。

五分鐘領導習慣練習

下面的練習將提高你建立人際關係的能力。

◎發展新關係

高效的領導者不會被動等待別人去尋找他們建立關係，他們會主動建立關係。使用以下練習開始連結和發展關係：在辦公桌前坐下來開始一天的工作後，寫下一個你需要聯繫或加強關係的人，透過電子郵件或電話聯絡對方。

◎主動提供支持

幫助他人是建立和加強人際關係的有效途徑。使用以下練習，讓它成為一種習慣：在聽到有人發出請求後，立即提出幫助：「我很樂意為你提供幫助。做什麼能對你最有幫助呢？」例如，你可以提供對方相關文章或介紹該領域的專家。

◎找到共同的興趣

融洽的關係來自於相似的目標和興趣。與他人建立融洽的關係需要找出你們的共同點，這可能會比你意識到的更多。使用以下練習來確認和別人的共同興趣、價值觀、愛好、觀點和經歷。與某人會面後，寫下兩件你們有共同之處的事情。在下一封電子郵件中或面對面互動時，提出其中一個相似點。例如，你們可能都喜歡足球，或可能是來自同一個地區。

◎創造雙贏的機會

雙贏的機會有助於加強關係。以下練習能強調提出的解決方案如何使雙方受益。你可以在討論任務後，說出一個雙方都有獲得的好處。「我認為這是一個雙贏的解決方案。你將透過……從中獲益，我將透過……從中受益。」例如，外派工作可以為你信任的員工提供寶貴的國際經驗，對你而言，你會得到一個在該地區管理營運上能倚重的人。

技能 19：表達關心

表現出關懷意味著真正關心他人的幸福。在我們的研究中發現，高效領導者在表達關心時有以下微行為：

1. 以禮貌和尊重的方式與他人交流，絕不粗魯、傲慢或咄咄逼人。
2. 明確使用表達關心的詞彙，例如：「你感到滿意對我來說很重要。」
3. 使用語言表達你對他人的欣賞並重視他們的貢獻，例如：「我重視你對此問題的意見。」

4. 不論是在討論中或往來郵件中，直接表達出你發現對方正在感受的情緒。

為什麼該技能對領導力很重要

「表現對別人的關心」與「建立信任和牢固的人際關係」還有一大段距離。如果你的下屬知道你關心他們，他們會回報並關心你。這創造了一種相互尊重、忠誠和奉獻的文化，並激勵人們付出額外的努力來實現遠大的目標，趕上重要的最後期限。

在工作中，表達對他人的關心可以提高員工的滿意度、參與度和留職率。員工對公司保持積極連結的關鍵就在於得到關懷，這增加了他們努力工作和留在公司的意願。

有以下情形，表示你需要提高該項技能：

- 如果你把職場生活和個人生活視為完全獨立的兩種領域，而且你對下屬的個人生活一無所知。
- 如果你過度忙於工作而無暇顧及他人的個人問題。

- 如果你看不懂別人的情緒，不知道別人什麼時候開心或沮喪。
- 如果有人在過去曾描述你粗魯、傲慢。
- 如果你需要花很長時間才能和別人變得熟絡。

性格特徵與技能一致

如果你在關懷心方面得分很高，你會發現表現出關心他人對你有益。如果你很善於關心別人，你很可能具有洞察力和同理心，喜歡為別人提供支持。具備這種性格特質的你，可能會從一些行為中獲得滿足感，比如有禮貌和尊重地交流、讓別人感到被重視和欣賞，以及讓別人知道你理解他們的情緒。

五分鐘領導習慣練習

以下練習將提高你表達關心的能力。

◎保持禮貌和尊重

大多數時間你都可能做到有禮貌和尊重他人，除非在壓力或生氣的情況下。善用這個練習，即使在壓力下也能保持禮貌和尊重。在注意到哪怕是最輕微的失落或憤怒後說：「謝謝你讓我注意到這一點。讓我思考一下，稍後再回覆你。」

◎使用關懷的用語

我們使用的語言反應出我們的態度和信念，反之亦然。你使用的關心語句越多，你就越能融入別人的幸福狀態中。使用以下練習，每天至少說一句關心他人的話。在聽到別人表達出自己的擔憂後，要說一句關懷的話，比如：「對我來說，解決你擔憂的問題很重要。我想確保你的需求得到滿足。」

◎讓別人感到被重視和欣賞

我們都希望自己的價值和貢獻受到重視和讚賞。使用這個練習，每天用電子郵件或當面告訴至少一個人，你重視並欣賞他的某些方面。在討論結束或電子郵件的尾段可以這樣說：「我希望你知道我重視／欣賞你。」例如，你可以說你重視他們對該問題的意見，或者欣賞他們的辛勤工作。

◎定義情緒

承認和定義情緒是一種可以讓人知道你在關注他們，並且關心他們幸福狀態的強有力方式。使用以下練習直接面對對方的情緒：在某人表達了某種情緒後，無論是當面還是透過電子郵件表達，快速與對方討論或回覆，以了解他們為什麼會有這種感覺。「你似乎……（情緒），我想知道你是否願意談談。」例如，你的同事可能因為他的孩子通過了很難的數學考試而高興，或者他可能因為家人患重病而感到難過。

技能20：積極傾聽

積極傾聽意味著傾聽和理解他人，可藉由提出富有見地的問題來檢視自己的理解。在我們的研究中發現，高效領導者在積極傾聽時有以下微行為：

1. 提出開放式的問題，而非封閉式的問題。像是以「什麼」（what）、「如何」（how）或「為什麼」（why）開頭的開放式問題。
2. 重述、總結並闡明你在對話過程中聽到的內容。

3. 提出探究式的問題來作深入了解，找出問題的根本原因。

為什麼該技能對領導力很重要

傾聽是領導力的核心技能。如果你不傾聽別人，你就無法理解團隊中的問題，也無法準確地解決問題。不管你有多聰明，你都無法知道所有問題的答案。要想成為一名高效領導者，你需要與他人協商並向他們學習，這需要具有強大的傾聽技巧才能做到。如果你打斷別人、結束他們的講話，或者在別人說話時想表達自己要說的內容而忽略別人的發言，你將得不到解決團隊或組織中重要問題所需的答案。

在工作中，積極傾聽有助於提高員工的滿意度、參與度和工作表現。如果你傾聽別人的意見，你就能向員工傳達出你關心他們的意見和想法，並且在做決定的時候會考慮到他們。這種附加的意見不僅能提高你的決策品質，而且積極傾聽會讓他們感到更被欣賞，參與度會更高。

有以下情形，表示你需要提高該項技能：

- 如果你不記得會議中討論的內容。

- 如果你經常讓別人重複他們說過的話，因為你沒有抓住重點。
- 如果你打斷別人或結束他們的講話。
- 如果你在別人講話時想表達自己要說的內容。
- 如果你大部分時間都在講話。

性格特徵與技能一致

如果你在外向性格和關懷心方面得分較低，你可能會發現傾聽是有價值的。如果你在性格外向的分數低，你可能很沉著、保守，喜歡傾聽。（相比之下，如果在性格外向上分數高，你可能會過於健談，不傾聽別人說話。）如果你在關懷心方面分數高，你可能更有洞察力和同理心，喜歡與人相處並了解他們。如果以上兩種性格特徵你都有，那麼你很可能會從以下行為中獲得滿足感，比如問開放式的問題、重複和總結別人說過的話、提出問題以便更深入了解。

五分鐘領導習慣練習

以下練習將提高你積極傾聽的能力。

◎問開放式的問題

開放式問題可以鼓勵人們多說話，為真正的對話創造機會，因為他們需要的不僅僅是一個簡單的「是或否」的答案。使用該練習來養成以「什麼」或「如何」的提問習慣。例如你可以問：「對此你的立場是什麼？」、「還有什麼對你來說是重要的？」、「這與你的期望有什麼不同嗎？」

◎重申和總結

重複和總結別人對你說的話，讓他們知道你在傾聽，並提供一個機會來檢視你對聽到的內容的理解是否正確。使用以下練習養成習慣：當有人解釋他們的想法或經歷後，你可以說：「我剛聽你說的是……」

◎提出探究性問題

好的探究性問題，特別是探索人們假設的問題，能增加對訊息的深入理解，提升批判性思維，並能幫助確認問題的根源。使用以下練習來養成詢問他人潛在假設的習慣。聽到別人抱怨某事後，可以問：「你說這話的時候是基於什麼假設？」例如，你可能會抱怨某人縮短了你的會議時間，因為你認為對方人品不好，但也可能是他有工作中的緊急情況需要應對。

技能21：清晰溝通

清晰溝通是指：傳達的訊息由幾個關鍵點組成，有針對性且條理清楚。在我們的研究中發現，高效領導者在進行清晰溝通時有以下微行為：

1. 傳達時只包含相關的想法和訊息，省略不相關或不必要的訊息。
2. 使用清晰的結構並環繞幾個關鍵點來組織訊息。
3. 以簡短且有針對性的訊息來回應，而不是使用讓聽眾茫然無措的數據。

為什麼該技能對領導力很重要

清晰溝通是領導力的核心技能。你的追隨者會從你身上尋找方向和優先事項。如果他們無法理解你要與他們溝通的內容，他們就不知道該做什麼，團隊的表現會因此受到影響。本書的所有領導技巧配合上清晰的溝通技巧後，都會變得更加有效。

在工作中，清晰的溝通對於達成大部分的目標來說都很重要。這項技能特別有價值的一點是，它可以將你的產品、服務與競爭對手區分開來。讓產品和服務從競爭市場中脫穎而出，是現代商業領袖所面臨最困難的任務之一，因為大多數市場已經飽和，客戶有許多選擇。如果你能用簡潔、到位、易於記憶的表述清晰說明這些差別，你的客戶就會理解為何你的產品是更好的。

有以下情形，表示你需要提高該項技能：

- 如果你在公眾場合講話會覺得不安。
- 如果你是那種「憑感覺做事」的人。
- 如果你在最後一分鐘準備簡報文稿，而且不進行排練。
- 如果你不能給你的聽眾提供二至三個關鍵要點。
- 如果別人評論你很喜歡說話。

性格特徵與技能一致

如果你在抱負心、外向性格和組織性方面得分高，你會發現清晰溝通對你有很多好處。如果你有抱負心，你可能充滿自信又精力充沛。如果你很外向，你可能很有魅力又健談，充滿活力和熱情，喜歡和別人交流。如果你很有組織性，你可能有條理、有規則而且勤奮，喜歡組織自己的想法。以上這些性格特質你都有的話，你能從以下行為中獲得滿足感，比如在表述中只包含相關訊息，以及環繞關鍵點來組織訊息。

五分鐘領導習慣練習

以下練習將提高你清晰溝通的能力。

◎僅包含相關想法和訊息

讓你表述的訊息焦點只包含相關想法和資訊。練習養成不說不必要詞彙的習慣：寫完一封郵件後，再讀一遍，盡可能刪去不必要的詞彙，甚至問問自己：「能刪掉這一整句話嗎？」

◎環繞關鍵點來組織訊息

表述訊息的結構和你選擇的詞彙一樣重要。環繞幾個關鍵點所組織起來的訊息比沒有清晰結構的更有效。在你開始寫一份新文件之前（電子郵件、備忘錄、簡報文稿等），使用這個練習來養成寫大綱的習慣。在開啟一個新的文字檔後，快速列出你希望讀者／聽眾能從中獲取的三個要點。

◎用簡潔精準的訊息回應

人們很容易被複雜和過多的訊息所淹沒。即使是在處理複雜的問題時，也最好保持能聚焦於一個明確、單一目標的單條訊息。使用以下練習，訓練自己在回應別人時心中只有一個明確的目標。讀完一封電子郵件後問自己：「我的最終目標是什麼？我想要這個人在什麼方面換一種方式來做？」把它寫下來，然後基於這個目標來回應。

例如，如果你的最終目標可能是安撫客戶，你會希望客戶對你的回應感到滿意。

技能22：魅力交談

講話富有魅力意味著交談時充滿活力和激情，並且經常使用故事、明喻和隱喻，使你的訊息更有說服力、更令人難忘。在研究中我們發現，高效領導者魅力交談時會有以下微行為：

1. 在訊息交流或演講中精力充沛、保持興奮和熱烈地互動溝通。
2. 讓人們想像一個不同的未來，並使用生動、引人入勝和高影響力的詞彙，如斷言、出現、增強、升級、表現、宣告、強化和揭開等。
3. 用故事、明喻和隱喻來傳達想法。

為什麼該技能對領導力很重要

激情和能量具有傳染力。富有魅力地講話會幫助你激勵並激發你的追隨者，號召他們行動起來。但如果你的說話風格平淡無奇，人們就不會再關注，也不會記得你說了什麼。當面對大量觀眾時，你可能會感到害羞或緊張。也許你對這個話題不感興趣，或者你並不關心公司的願景，再或者你經常感到壓力、疲憊、不堪重負，那麼你給別人留下的印象將是毫無活力。

在工作中，有魅力地談話將幫助你與團隊成員建立連結，讓他們更專注地投入工作，並激勵他們按時完成任務。如果你自己都顯得心不在焉、缺乏熱情，你就不能指望其他人會對團隊的工作和公司的發展方向感到激動興奮。

有以下情形，表示你需要提高該項技能：

- 如果你是屬於單調乏味，並非充滿活力的那種人。
- 如果你害羞，在和別人說話的時候會感到緊張。
- 如果你很難表現出你的熱情。
- 如果你經常在互動中感到疲憊和缺乏精力。

性格特徵與技能一致

如果你在抱負心和外向性格兩項的得分都高，你就會發現富有魅力的交談對你有好處。如果你抱負心方面分數高，你可能充滿自信且精力充沛。如果外向性格分數高，你可能富有魅力又健談、充滿活力和熱情，喜歡和別人交流。這兩項性格特徵你都有的話，你很可能會從以下行為中獲得滿足感，比如富有熱情地進行交流、使用生動有力的詞彙，以及用故事和明喻來傳達想法。

五分鐘領導習慣練習

下面的練習將讓你說話更有魅力。

◎展示你的激情

當其他人（交談時）充滿熱情、精力充沛或激動興奮時，我們自然會更有興趣回應。

養成每天都表現出興奮的習慣，會幫助你變得更有魅力和有趣。使用以下練習：在和某人打招呼後，用你感興趣的故事、引文、訊息或統計數據開始閒聊，「我發現這個故事很有趣……。」例如，你可以說你發現六五%的蘋果手機用戶說他們沒有手機就無法生活。

◎讓人們想像

給別人創造一個生動的體驗，讓他們想像一個不同的未來，可執行以下練習：討論完一個問題後，讓他想像一個不同的結果：「想像一下如果……情況會有什麼不同？」比如你讓這個人想像一下，如果他們的問題突然消失了，情況會有多麼不同。

◎使用明喻和隱喻

明喻和隱喻會讓你的描述更生動，更吸引人。你可以練習使用明喻來表達你的想法。在陳述你的想法後，快速思考它會讓你想起什麼，你可以說：「就像……」例如，你可能會這樣描述一款記錄清潔牙齒的手機APP：「像Fitbit一樣，它可以幫助你記錄刷牙和使用牙線清潔牙齒的頻率。」（編注：Fitbit是美國智慧型手錶企業，其產品專為提升健康與運動而設計。）

Part 4

鼓勵他人發展新技能

Chapter 8

激勵改變

在本書的前三部分中，你學習了領導習慣公式是如何運作的，以及如何使用它來成為一個更好的領導者。

第四部分適用於那些希望幫助其他人發展領導力的人。無論你的身分是家長、教師、體育教練、公司經理、人力資源或組織發展的專業人員、領導力顧問、執行教練或生活教練，還是其他任何具指導性的角色，以下章節為實踐領導力公式提供了各種場景的指導，從一對一、團隊情境到正式專案。在你學習如何使用這個公式作為指導和輔導工具前，你需要先了解人們如何找到改變行為的動機。

習慣始於動機也終於動機

作為一個導師或教練，你知道要學習新技能和新行為需要艱辛的努力和毅力。你也知道，與任何改變一樣，在個人發展方面，成功與失敗的區別往往源於動機。如果人們沒有真正的動機去改變，他們就不會有動力付出必要的努力去實現改變。學習領導力技巧也是如此，因為它需要改掉諸如酗酒一類的壞習慣。因此，領導習慣公式只有在人們被激勵著堅持每日練習，並最終成為習慣的時候才有效，這並不奇怪。

但問題是，大多數人在進入領導力發展階段時，都會受到以往自我學習或職業發展培訓的影響。他們經歷了無數個小時的課堂培訓，嘗試過每一種新興的管理培訓風潮，但一直以來的結果卻讓他們失望。當人們不相信更多的訓練會對他們的生活產生影響時，他們就很難有動力去接受更多的訓練，也很難承認自己需要提高技能。有許多人都像序言中急診室護士蘿拉一樣，意識不到自己的弱點，且確信自己已經是有成效的領導者。

作為一名導師或教練，你的挑戰是幫助人們找到改變的動力，透過集中的、持續的練習，來塑造新習慣和發展新技能。但正如你所知，這說來容易做起來難——人類對改變極其抗拒；但實現改變也並非不可能。一旦人們受到激勵，就幾乎能完成任何事情。

面對成癮的陋習

也許令人印象最深刻的改變，是當一個人克服了成癮的陋習時。致力於研究不良習慣和行為改變的心理學家威廉·米勒（William R. Miller），將成癮描述為一個根本的動機問題，儘管有許多負面後果，成癮者仍然堅持他或她的成癮行為，這顯然是違反常識的。[1]

在此我將透過分享露絲的故事來告訴大家要如何戒除成癮的習慣。當露絲週一早上在醫院醒來時，她才三十一歲，剛從服藥過量中恢復過來。她把週日都用來自己一人喝酒，還服用了抗焦慮藥進行自我治療。

她一直試圖用酒精和藥物讓自己鎮靜下來。前一天晚上，也就是週六，露絲在一場工作的社交活動中喝醉，她在客戶和同事面前開了個可怕的玩笑，一個非常露骨的低級笑話，當時現場的每個人都臉紅了。每個人都覺得很不舒服，如果可以，他們寧願假裝露絲口中從未說過這些話。但是露絲確實說過，而且不可否認的是，她在工作場合中喝醉了。

事情發生後，她的同事和客戶們整個晚上都選擇避開她，在隨後的幾個小時裡，露絲都為自己說的話感到後悔痛苦。這不是她第一次因酒精引起的悔過，多年來，朋友和家人對於她的醉酒狀態、不經考慮和不恰當的評論習以為常，這已經成為她的家常便飯。但這次比往常更糟糕，因為是發生在一個商業場合。到了週日早上，露絲發現自己淹沒在自我厭惡、羞恥和內疚中。雖然處於宿醉狀態，她還是決定再喝杯酒，相信吃些藥會讓她感覺好點。然而，這麼做並沒有幫助。她回想得越多，那些因喝酒誤事的不快回憶就越是湧入腦海，感覺也越糟糕。所以她選擇繼續喝酒和吃藥。這種情況持續一整天，直到她昏迷不醒，最終被送進急診室。

露絲是個酗酒者這一點，大概不會讓你感到驚訝。然而，可能讓你驚訝的是，直到因服藥過量在醫院裡醒來，露絲才意識到自己是個酗酒者。

露絲並非從未想過自己是個酗酒者的可能。事實上，她在早幾年前就懷疑過自己是否有酗酒問題，當時她二十六歲，在一個陌生人家裡醒來，根本不記得自己身在何處，也不記得自己是怎麼到達那裡的。被自己的失控嚇到後，她當天去參加了一個匿名戒酒互助會，決定戒酒。三個月過去了，她連一滴酒都沒喝，她心想：「如果我都能堅持這麼久，我就沒有酗酒問題。」於是她買了一瓶好酒來慶祝，當天晚上她獨自一人喝酒，然後重新回到壞習慣中，卻沒有意識到自己的行為。

這成了露絲的行為模式：酗酒一段時間，然後完全戒酒幾個月，以確保自己沒有任何問題，然後再開始喝酒。多年來她一直重複這行為模式，卻堅決否認這種行為，直到她被自己服藥過量的事實震驚到，不得不面對現實。服藥過量讓露絲陷入谷底，在醫院醒來後，她再也無法否認自己的癮症，也無法為自我毀滅的行為找藉口。她終於承認自己是個酗酒者，而她唯一能改變自己生活的方法就是改變自己的習慣，永遠戒酒。

服藥過量幾天後，露絲開始接受治療，她重新加入戒酒互助會，並聘請一位私人教練，從那以後她再沒喝過酒。如今，她是一位屢屢獲獎的室內設計師。她的作品出現在著名的家庭雜誌上，她經營自己的公司，在美國各地設計住宅和商業空間，作品遍布紐約、舊金山、芝加哥、西雅圖和丹佛。改變自己的生活並不容易，但她成功了，因為她在跌到谷底時找到動力。

自我形象、內在張力、徹底改變想法

跌入過谷底的人，通常會因為這樣的經歷而有所警醒，讓他們必須做出艱難的改變。研究人員發現，對酗酒和吸毒的人來說，要判斷他們是否跌入谷底的最佳要素之一，就是他們是否會尋求徹底治療以恢復清醒。[2]因個人經歷而催生的動機是強大的，這點可以從露絲和許多其他人的經歷中看見，雖然人們對此都有誤解。

根據普遍的觀點，跌入谷底幫助人們認識到自己負面行為的後果。人們希望自己在未來能避免這些後果，正是如此的想法激勵他們去改變。在露絲的例子中，人們以為露絲是出於對死亡的恐懼而戒酒。然而，這是錯誤的解讀。露絲因過量飲酒選擇戒酒，並不是因為她明白喝酒會破壞她的人際關係，危及她的生命，而是因為這讓她重新審視自我形象，她意識到自己的行為與過去自認為的並不一致。在她被送進醫院前，她一直相信自己是一個成功、目標高遠的年輕職業女性，能夠做出明智決定，掌控自己的生活。她一直透過自我否認來說服自己，相信經常多喝點酒的習慣與她的自我形象並不矛盾。但是獨自喝酒並服用藥物自我治療，喝到被緊急送急診的狀況是什麼？這不是她原本設想的人生模樣。她第一次看穿了自己的否認，開始承認自己是個酗酒者。直到那時，她才有動力去尋求治療並改變自己的行為。

跌入谷底是一種情感的、普遍來說態度消極的、高度主觀的體驗，其構成要素因人而異。儘管存在主觀性，但所有這些經歷都有兩個共同點：意識到自己的行為與自我形象相衝突，迫使重新評估自我形象並產生徹底改變的想法。為了理解這種轉變的想法是如何產生，孟菲斯大學（University of Memphis）對那些在生活中做出巨大改變的人進行了研究。研究人員發現，人們通常是在面對痛苦或不確定的經歷時，產生重大轉變的想法。例如，該研究的一位參與者在對故鄉進行了一次不愉快的訪問後，決定放棄祖國文化並重新定義自我形象。另一位參與者在歷經貧困和連續三天找不到食物後，意識到要學會依靠自己[3]。

這項研究中的人們就像露絲一樣，當一個意料之外的情況使他們質疑自己的自我形象，並意識到過去對自己的認識是不對的，而後想要做出重大改變。這種經歷讓他們痛苦到動搖了自己是誰的內在信念。他們無法輕易忽略發生過的事情——沒有否認的餘地——他們不能為自己的經歷找到合理理由，也無法解釋清楚。唯一的選擇就是必須做點什麼。

就像露絲那樣，人們面對消極的現實狀況時，內心會變得緊張。露絲感受到的內在張力迫使她對自己過去的行為進行誠實的思考，將這些行為與她原本設想的人生（自我形象）進行對比，並探討她的現實行為與自我形象之間的衝突，讓她意識到衝突在本質上意味著什麼。這種衝突引起的強烈情緒和困惑，使得露絲對自己有了更好的理解，並讓她產生要轉變的想法（我是一個酗酒者、我需要改變我的生活，恢復清醒）。這種新認知激發出露絲戒酒和改變習慣的動力，使她的行為符合自己設想的自我形象。

在指導或輔導他人時，唯有當他有動力去改變，你才能成功。你可能忍不住想要拿負面結果比如失業的威脅來激勵他們。千萬不要這樣，這會適得其反，只會產生阻力，我將在本章後面討論。相反的，專注於幫助人們產生「實現轉變」的想法，才能創造想去改變的真正動力。

無技能者往往不自知

改變自身的想法並不是隨時都能有的，但對某些人來說，實現這個想法比想像中更難。我們來做一個快速實驗：與你所處地區的其他駕駛人相比，就駕駛技術水準的平均值來說，你是比較強的？或與平均值相同，還是低於平均值？

或許你和大多數人一樣，相信自己是比平均水準還好的駕駛人。當俄勒岡大學（University of Oregon）的研究人員在一項調查中提出同樣的問題時，九三%的人認為自己的駕駛能力優於平均水準[4]。這個發現違背了數學上的概率論——根據平均的定義，不可能出現九三%的人成為比平均水準更好的駕駛。在這個過度簡化的情況中，平均值意味著所有駕駛平均分布的中間點，所以會有一半的駕駛比平均水準差，而另一半則是更好。但人們不是這樣看待自己的。不管參加什麼活動，人們總是認為自己比平均水準優秀。

這並不奇怪。正如第五章的內容，人們通常不善於自我評估，大家傾向於過分高估自己的能力，並誇大自我形象。然而，可能讓你驚訝的是，這種效應在表現得最差的人身上最為明顯。在任務中表現差的人，反而擁有最不切實際的自我形象——他們認為自己比實際情況要好得多。

一個簡單的實驗證明了這種效果。大學生們完成一次課堂考試，在看到自己的成績之前，研究人員要求學生預估自己正確回答了多少問題。正如預料的一樣，人們傾向於高估自己的能力，平均來說，學生們認為他們對課程內容的了解，比他們在測試中的表現高出二二%。然後，研究人員根據學生的實際考試成績將他們分成四組。成績最差的那一組學生的自我預估，讓研究人員發現了令人擔憂的結果：表現最差的那組比其他組嚴重地高估了自己的能力。平均而言，在考試中得分最低的學生認為他們對課程內容的了解比實際所做的要好得多，並且比例高達令人震驚的四八%——是所有學生高估數據總和的兩倍多[5]。

為什麼表現最差的人都認為自己比實際表現得好，甚至比其他人好得多呢？首先，那些沒有技能的人，難以準確評估他們究竟還要多久才能熟練掌握什麼，也就是說他們並不知道自己未知的是什麼。當人們第一次學習一項技能時都會犯錯，這是自然的，有了適當的回饋，犯的錯誤就能幫助人們改善自己的表現。但是，那些完全缺乏這種技能的人並沒有從學習週期中獲益，他們甚至無法識別自己何時犯了錯誤。如果一個人不知道自己在犯錯，那麼自然會高估自己的能力。對於沒有技能的人來說，無知成了雙重詛咒。他們會犯很多錯誤，因為他們缺乏必要的技能，而缺乏技能又使他們無法識別出自己是在何時犯錯。他們意識不到自己的不足和錯誤，不知道自己需要提高技能，所以他們在生活中毫無頭緒，認為自己比實際表現得更好。

還記得序言中急診室護士蘿拉對自己沒有被提升到管理階層感到驚訝嗎？約翰也

不知道其他人認為他專制霸道，還對別人關心的問題毫不在意。他們兩人都缺乏關鍵的領導技能，但他們認為自己已經準備好進入更重要的領導角色，因為他們都沒意識到自己的無知。蘿拉不知道她是一個不好的傾聽者，她的同事認為她好爭辯、愛挖苦人，而且很難共事。因為她缺乏積極的傾聽技巧，她並不知道做一個好的傾聽者意味著什麼，也不知道自己的舉措離理想行為還有多少距離。同樣，約翰不知道人們對他的領導風格感到不滿，也不知道大家認為他對他人的工作漠不關心。他沒有意識到自己的錯誤，他把別人的服從解讀為承諾。

無技能的人的的確確是無知的。他們不知道自己不懂什麼，他們甚至沒有意識到自己何時犯了錯誤。想要提高自己的技能，必須要先有想轉變的想法，這樣才能幫人們意識到自己缺乏技能，然後激勵自己投入必要的努力來改變自己的行為。然而，無論是缺乏技能的人還是其他人，傳統的領導能力課程的培訓和指導方法，很少能給任何人帶來想要實現轉變的想法，為什麼呢？

因為我們被教導：給予批評性回饋是讓人們改變的最好方式；然而，這種想法遠遠偏離了事實的真相。

批評性回饋不會產生改變的動力

在伊索的「狐狸與葡萄」（The Fox and the Grapes）寓言中，有一天，一隻口渴的狐狸看到一串懸掛在葡萄藤上的葡萄。狐狸想吃葡萄解渴，但它們離地面很遠。狐狸跳起來搆葡萄，但抓不到。牠又試了一次，這次還加上助跑，但葡萄還是太高了。狐狸很不高興，因為牠搆不到葡萄，於是心想：「葡萄一定是酸的。」

伊索寓言深刻地說明了人類的否認傾向。就像狐狸一樣，人們傾向於為自己的失敗和缺點開脫，而不是承認。這種傾向在今天依舊和古時一樣普遍，尤其是在批評性回饋方面。

想像一下，你去醫院做年度體檢。護士會測量你的體溫和血壓，並請你完成一系列與健康相關的問卷。然後，醫生來到診間，告訴你一種名為「TAA缺乏症」的新疾病，得到該疾病的人體無法產生乙醯化硫胺素的酶。雖然你現在可能沒有任何症狀，但醫生解釋說，這種情況可能會在未來的生活中導致嚴重的健康問題。他詢問你是否要接受一個簡單的唾液測試，該測試是在六個月前開發出來的。你同意了。所以你把一點唾液吐入杯中，將一張無色條狀試紙浸入杯中，等待試紙變成深綠色。醫生說，唾液中是否存在TAA，將能透過試紙的顏色變化得到結論。如果你的唾液中不含TAA（當你有缺陷時），試紙會保持不變。你等了幾秒鐘看看，發現試紙沒有變色。你再給它幾秒鐘，還是什麼改變都沒有。問題開始在你的腦海裡湧現。你真的有TAA缺陷症嗎？情況到底有多嚴重？唾液測試真的準確嗎？

你可能已經猜到，TAA缺乏並不是什麼真正的健康問題。它是肯特州立大學（Kent State University）研究人員進行的一項心理學實驗，以測試人們對負面回饋的反應。使用與上述情況相似的情景，一些大學生被告知他們有TAA缺陷，因為他們的試紙（其實只是一張普通的紙張）在接觸到唾液後沒有變成綠色；另一些學生被告知，沒有改變顏色的試紙代表他們是健康的，沒有得到該疾病。研究人員測試了學生對不良診斷反應的興趣程度。研究人員要求所有參與者評估自己該疾病的嚴重程度，以及他們認為唾液測試的準確程度。

就像伊索寓言裡狐狸說服自己搆不到的葡萄一定是酸的一樣，被欺騙患有TAA缺陷的學生對結果予以否認。與對照組的「健康」學生相比，他們認為這疾病的情況沒那麼嚴重，而且認為很常見。被騙的學生認定唾液測試的準確率也低於健康學生組。當被要求思考最近生活中的不健康行為時，被告知患有TAA缺陷的學生比健康組的學生寫下更多的例子[6]。面對不利的訊息，被騙的學生盡力用其他理由否定他們的陽性測試結果。

為什麼這些學生對測試結果如此不屑一顧？為什麼他們不能接受診斷結果呢？這是因為結果與他們的自我形象相矛盾。大多數人認為自己很健康，這是他們自我的一部分。當學生們接收到與自我形象相矛盾的健康訊息時，就產生了像露絲在服藥過量後所經歷的內在緊張感，儘管他們自己沒意識到，但在那之後他們立即開始尋找消除這種緊張感的方法。

人們用不同的方式來描述內心的緊張，可能稱之為壓力或焦慮，或者不甚清醒的大腦，再或者是恐懼、內疚或羞愧的感覺，以及其他一些負面情緒或感覺。不管如何描述，內心的緊張都不是舒服的體驗，因為人們通常喜歡用和自我形象一致的方式行事。回想一下在第四章讀到送比薩的司機和屋主。一旦送貨司機開始認為自己是安全的駕駛員，他們不僅會繫上安全帶，還會常使用方向燈，因為這兩種行為都是安全駕駛員會做的[7]。同樣地，一旦屋主們開始認為自己是安全駕駛的支持者，他們就願意在自家庭院安裝巨大的廣告招牌，因為他們認為這是倡導安全駕駛的人會做的事[8]。

要記住最重要的一點，當人們的行為與自己定義的自我相符時，人們會感到最為舒適。這是避免內心緊張的好策略。但是當人們做一些與自我形象相矛盾的事情時，他們會感受到不一致帶來的痛苦，並盡最大努力去避開它。

當人們從與自我形象不一致的事物中感受到內心緊張時，他們只能做三件事來讓自己恢復平衡：(1)排除、忽略或將其視為例外；(2)改變自己的行為；(3)改變自己的自我形象。

當然，選項1的否認是最容易的，我們都有過很多類似的經歷。苦苦掙扎的節食者想：「昨天我做得太好了，今天可以稍微放鬆，吃掉那塊餅乾。」正在康復的酗酒者認為：「我三個月沒喝酒了，所以我肯定不會上癮。」天真的員工疑惑：「我的老闆不喜歡我，這就是為什麼他要給我負面的績效評估。」選項2和3要困難得多，因為「改變行為」和「改變自我形象」都需要花費大量的時間和精力。相比之下，拒絕是解決內在緊張最快速的一種方式，而且幾乎毫不費力。所以這是處理與自我認知相矛盾的訊息時最受歡迎的選擇，尤其是面對批判性回饋。

在亞利桑那州立大學（Arizona State University），研究人員要求在職MBA學生對自己的二十六項領導技能進行評分，並向老闆提交類似的調查問卷。在看到老闆的回饋後，對學生們進行調查以了解他們對回饋準確程度的看法。有鑒於人們傾向高估自己的能力，學生從老闆那裡得到的評價越高，學生就越認為回饋是準確的。更好的回饋與學生們對自己能力的誇大認知相符，從而與他們的自我形象相一致，使他們更有可能接受回饋。

但是當回饋是批評性的，並且與學生的自我形象相矛盾時，會發生什麼呢？為了研究這個問題，研究人員從學生的自我評分中減去學生老闆的評分。例如，如果一個學生在某項技能給自己打5分，而他的老闆給他打3分，差距就是2分。這個「差異數值」越大，老闆的回饋就越是和個人定位的自我形象不同。在分析數據後，研究人員發現學生的差異數值與他們對回饋準確度的認知之間存在負相關。換句話說，當老闆給學生的分數低於學生給自己的分數時，學生們不相信回饋是準確的。此外，學生的自我評分和老闆的評分之間差距越大，學生們越是認定老闆的批評回饋不準確[9]。

從亞利桑那州立大學的研究得到的結論很簡單，如果你曾經受過批評，你可能不會對這個發現感到驚訝：當批評的回饋與我們的自我形象差得越遠，我們就越有可能忽視或將其合理化。

事實上，這對缺乏技能、表現最差的人來說是個相當特殊的問題。請記住，正是表現最差的人最容易高估自己的能力，他們的自我形象與現實相距甚遠。當他們收到批評性回饋時，批評內容在他們看來是完全不準確的，因為這與他們對自己的看法大相逕庭。在他們看來，自己不可能表現不好（記住，他們對自己的錯誤一無所知），所以他們直接選擇了否認：「他對我有偏見。他並不真正了解我。我第一次聽到這種話，所以不可能是真的。我只是今天過得不順。」合理化的清單幾乎是無限的，試圖對抗它們是徒勞的，因為只會引來更多的否認和更多的抵抗。只要出現了否認，最終的結果總是相同：這個人不會有想要改變的想法，也不會有動力去改變。

我們錯誤地認為，批評性回饋會促使人們做出改變，就如同誤解了「跌到谷底」是改變人生經歷的原因一樣，全是來自於這種錯誤觀念：「人們會改變行為以避免負面後果。」提供批評性回饋最常見的方法，就是直接或間接告訴人們要做改變，試圖創造消極結果促使他們改變。但正如你所看到的，這種方法幾乎肯定會適得其反，尤其是對那些最需要發展技能和養成新習慣的人來說。人們收到的批評性回饋通常與自我形象不一致，對於表現最差的人更是如此。人們對這種不一致導致的內在緊張所做出的反應就是：不管回饋多麼客觀合理，他們都認為批評是不準確的。對於被否認而感到沮喪的人，我們通常會建議或強迫他們去接受訓練，但建議和強迫不會使人產生改變的動力。建議會被忽視，過去接受的培訓對提高技能幾乎沒有什麼幫助，徒勞無功的循環便一直在重複。但肯定有一種方式，可以讓你作為一個教練或導師，幫助他人自己產生必須徹底改變的想法。

這一切都從「把你的批評和建議留給自己」開始。

把你的忠告留給自己

在二十世紀八〇年代前，成癮治療的標準方法類似於當今大多數領導力發展課程的運作模式——將改變強加於人，治療通常由充滿專家建議的強制性解決方案組成，抗拒和動力匱乏被認為是患者的自身問題。

二十世紀八〇年代早期，臨床心理學家威廉·米勒開始以新的視角看待患者的牴觸行為，正是他的見解改變了成癮治療的過程。米勒並沒有將抗拒牴觸和動力不足視為患者的錯，而是開始將其視為治療師引起的問題。米勒知道治療師並不是想要讓病人產生抗拒或降低動力，但他們採用的強制和對抗性方法卻產生了這種效果，即便是當時公認的治療標準方法。為了改變這種適得其反的情況，他發明了一種名為動機性晤談（motivational interviewing）的新治療方法[10]。

動機性晤談是基於一個原則：改變的動機必須來自一個人的內心，它不能是被強加於人，也沒有人可以被強迫改變。你可能會認為這種方法削弱了治療師的作用，他們所能做的就是等待時機，等到病人自己產生想要改變的想法，但事實並非如此。相反的，治療師透過積極助推患者自我形象和現實行為之間的內在張力（內在矛盾），引導患者產生想去轉變的想法。這種方式讓治療師能幫助患者找到改變的內在動力。

為了更理解動機性晤談和大多數人熟悉的對抗性方法之間的區別，讓我們回到序文中急診室護士蘿拉的案例，想像一下如果我嘗試用批判性回饋和建議的方式讓她改變行為，我對她的指導討論將會如何展開：

我：蘿拉，我有一些重要的回饋要和你分享。你的同事告訴我，你和他們爭論不休，而且你不聽他們講話。讓我給你一些建議：人們不喜歡替那種喜歡爭論又不善傾聽的管理者工作。如果你想升職，你應該提高你的傾聽技能。

蘿拉：誰告訴你的？

我：你在急診室的同事。

蘿拉：我知道你跟誰談過。我們急診室裡有幾個人不喜歡我。這就是他們告訴你的原因。

我：和我分享這些回饋的並不只是那幾位同事。

蘿拉：好吧，但我可能只是那天過得比較倒楣而已。我的工作壓力很大。

我：我知道你的工作壓力很大，你可能會在某天、某個地方過得很糟糕，但目前你的行為會讓你的人際關係變得緊張並阻礙升職。

蘿拉：我不相信。我不是好爭論的人，而且我很善於傾聽。這是我第一次聽到這樣的回饋。如果我一直是個好爭論的人，其他人早就會告訴我了。

注意看這場談話有多快變成了爭論，蘿拉十分質疑我提出的批評回饋。當我對她提出批評時，蘿拉立即給出反駁，尋找我這些回饋不準確的原因。我的每一次回饋都遭到蘿拉的一次辯解，而每一輪的反駁都只會讓蘿拉對批評性回饋以及我堅持她需要改變自己行為的看法更加牴觸。

當我們試圖透過批評性回饋或建議來改變別人的行為時，通常腳本就是如此演繹，最後變成我們站到了我們試圖幫助之人的對立面，在這個過程中，我們促使他們提出更多反對改變的論點，使他們有更少的動力去改變，讓他們對建議更加堅決地否認到底。

現在，你應該明白為何批評的回饋和建議不能給你帶來改變的動力了吧。它們直接與自我形象相矛盾，導致人們以否定建議和合理辯解的方式回應。接受回饋會令人產生不安的內在緊張感，因為我們不得不承認自己的行為與自我形象不一致，不得不承認我們需要為此做些什麼。對個人來說，把回饋（的行為）當作例外，或者爭辯為什麼這個建議行不通，顯然容易得多。

現在來看看動機性晤談會如何改變我和蘿拉的對話：

我：蘿拉，我知道你想進入管理階層。是這樣嗎？

蘿拉：是的，這就是我職業生涯的下一步。

我：這是一個很棒的目標。你對這個職位的哪一點感興趣？

蘿拉：在我的職業生涯中，我遇過很多糟糕的主管，我認為我可以做得更好。此外，我一直把自己看作是能夠幫助患者和同事的領導者。

我：你已經遇到過許多糟糕的主管！

蘿拉：是的，他們大多數人都像獨裁者一樣命令周圍的人，而不是真正傾聽他們的部屬。當有人站出來說話的時候，他們就會進入防禦狀態並爭論不休。

我：這些失敗的主管只會給你下命令，卻不會聽你講話。有時他們還會爭辯不休。

蘿拉：是的，沒錯。我想我能做得更好。

我：太好了。優秀的管理人員對每個組織來說都是越多越好。你認為你的哪些優點可以幫助你成為一名優秀的主管？

蘿拉：我很坦率，平易近人。我認為讓人們在主管身邊感到舒適，並且能夠開誠布公談論每件事是很重要的。

我：你重視坦率開明和平易近人，並將此視為你成為優秀主管的重要特徵。

蘿拉：是的，是這樣。當你的主管能夠傾聽你的講話內容，情況就大不一樣了。

我：當然，這會讓員工感到自己是被傾聽和欣賞的。身為一名主管，傾聽是一項非常重要的技能。你是否總是特別注意傾聽你的患者和同事講話？

蘿拉：是的。嗯，有時候，當我感到有壓力或者工作很忙的時候，我可能就聽得少一些。

我：你說你可能「聽得少一些」是什麼意思？

蘿拉：有時我沒有時間聽，所以我只是告訴他們該做什麼。

我：當你感到有壓力，或者工作太忙時，你就不會去傾聽太多。

蘿拉：是的，可以這麼說。

我：這種情況經常發生嗎？你多久會在工作中感到壓力？

蘿拉：非常常見。我在急診室工作，所以總是有很多事情會發生。

我：當你有壓力的時候，你往往會不太聽別人講話。

蘿拉：是的，是這樣。現在我仔細回想的話，我有很多壓力。所以我可能不像自己想的那麼善於傾聽！

注意第二個例子的走向有多麼不同。當我不給蘿拉批判性的回饋或建議時，我並沒有引起她的牴觸。我們沒有爭吵，因為我沒有駁斥她的自我形象。相反的，我給出肯定的答覆，比如「這是一個非常棒的目標」，並總結她告訴我的內容，問她一些問題來引導對話。整個過程不具威脅性，我溫和地幫她在「坦率開朗、平易近人的自我形象」與「對人苛刻的行為」之間生成一種內在矛盾。經由給她空間讓她自己去探索這種不一致，我讓她意識到，她並不如自己想像的那般善於傾聽。這是一次積極的對話，而不是一場爭吵。蘿拉想要轉變的想法來自她自己的言辭，而非我的。這就是動機性晤談如何幫助人們找到改變的動機。

動機性晤談幾乎適用於任何情況。在對七十二項科學研究的回顧中，在比較動機晤談和提供建議的有效性方面發現，動機晤談大約在八〇％的研究中產生了更好的結果。動機性晤談用於減肥、健身、糖尿病、哮喘和飲酒的情形中比給予建議有效得多。此外，研究發現，即使是僅僅持續十五分鐘的簡短動機性晤談互動，也有六四％會產生影響[11]。

通常，當教練和導師第一次學習動機性晤談時，他們會把它看作是風險不高時可嘗試的一種工具，但在風險很高、迫切需要改變、情況更嚴重時，他們會繼續依賴批判性回饋和建議。不要犯這個錯誤。如果你想幫助別人改變，把你的建議留給自己吧，請記住，他人改變的動機必須來自他們自己內心。如果你試圖透過批評性回饋、建議、或其他對抗的方法來強加給對方，你很可能會引發一場適得其反的爭論，進而引起對方的抵觸，最終降低對方的動力。批判性回饋和建議通常只會激勵人們想出更多的理由，來解釋為什麼他們不應該改變。相反的，使用動機性晤談作為支持性、非對抗的方式來幫助他人尋找內在衝突，能更有效引導他們產生轉變的想法。

誘發內在緊張感

在愛滋病流行的高峰期，心理學家們急於設計出干預措施，透過推廣使用保險套來減少愛滋病毒在性行為活躍的成年人中傳播。許多政府和健康組織都以小冊子、講座和教育影片的形式提供使用保險套的建議，但現在心理學家們知道，單靠建議並不能產生預期的行為改變。他們需要找到方法讓人們產生內心的緊張感。

在那個時代開創此類干預被稱為「偽善誘導」（hypocrisy induction）。前提很簡單，你可以透過兩個步驟讓人產生內在緊張。首先，讓人們表明自己支持良好行為，在這個案例中，就是使用保險套來防止愛滋病的傳播。然後，讓他們描述自己最近應該採取該行為但卻沒有的情形，例如，他們沒有使用保險套來預防愛滋病。就這樣，人們內在的緊張就產生了，改變的種子已經播下。

加州大學聖塔克魯茲分校（University of California, Santa Cruz）做了一個實驗，讓大學生們認為自己正在幫助推廣愛滋病預防運動。具體來說，他們被要求閱讀有關愛滋病毒的資料，並依此製作簡短的演講向高中生說明。他們在影片中記錄自己的演講，然後被要求描述他們最近沒有使用保險套的情況。之後，研究人員詢問他們過去使用保險套的頻率和未來使用的打算。

研究人員發現，接受過「偽善誘導」的學生打算在未來更常使用保險套。此外，研究人員在三個月後對參與者進行追蹤調查，他們發現，在「偽善誘導小組」中，學生使用保險套的頻率比那些只接收有關愛滋病預防訊息的學生還要高[12]。在後來的一項研究中，研究人員讓學生在經歷了偽善誘導後，立即購買保險套，其中超過八〇%的學生購買了。相比之下，在其他條件下只有三〇%至五〇%的參與者購買保險套[13]。偽善誘導產生了動機，讓這些學生改變他們的行為。

偽善誘導之所以有效，是因為當人們的行為與自我形象不一致時，就會產生內在的緊張感。這項技能的第一步，是讓個人支持一些被普遍認為良好的事物，比如安全駕駛、使用保險套或傾聽員工的意見等，來改善個人的自我形象。批判性回饋和建議會使人們提出反對改變的理由，但讓人們去為積極的事情做辯護，會促使他們提出自己支持改變的理由。我在第二次與蘿拉的討論中採用了這個技巧，當時我請她闡明成為一名好主管意味著什麼，以及她的優點如何幫助她成為一名好主管。在回答我的問題時，蘿拉正在說明為什麼優秀的管理者需要聽取員工的意見。透過提出自己的觀點，她鞏固了自己的觀點，即積極傾聽是一項重要的領導技能，並將此與自己想成為優秀管理者的自我形象聯繫起來。

偽善誘導的第二步更為棘手，因為如果你沒有以正確方式引出該行為的主題，你可能會引發抗拒，並迅速陷入你試圖避免的那種徒勞爭論中。和蘿拉的對談，我以「總是型」的問題開始，如「你總是很重視傾聽病人和同事的意見嗎？」問題中帶有「總是」和「永遠」之所以有用，是因為它們非常明確，人們不太可能總是或從不做某事。問這類問題是一種不具威脅性的方式，可以讓人們暴露自己的例外情況。

你也可以引入偽善誘導的第二步，把它用來探索你感興趣的事情。例如可以說：「我很好奇，想更了解人們是如何重視傾聽的。」如果從反面來探討問題，也許會更容易些。另一種使用第二步的方法是詢問對方行為的積極程度。例如說：「傾聽病患和同事有哪些好處？」在探索了積極的行為後，把注意力轉向「不那麼好」的事情上。例如說：「傾聽你的病患和與同事說話，有什麼不好嗎？」如果你密切觀察，你就能確定某人內心的緊張感可能出現在哪裡，然後你就能從那裡開始。蘿拉可能會回應說：「當我很忙或正處於危機時，傾聽他人說話會花費太多時間。」這樣的誘導一樣可以透過談話得到你想要的結論。

保持耐心

人們必須找到改變的動力，每個人都要用自己的時間來做這件事。有些人會迅速找到，但對其他一些人來說，轉變的想法要很久才會出現。

等待一個人找到自己的動力可能會讓你洩氣，你可能會感受到壓力，因而想透過批評性回饋、建議和強制措施來加速進度。別這樣做，對抗的方式只會適得其反，並導致你試圖幫助的人更加抗拒改變。這和你想要的恰恰相反。記住，作為一名幫助他人改變行為的教練或導師，你最重要的任務就是避免讓他們產生牴觸情緒。動機性晤談是一種有效的方法，但不要指望自己能馬上成為這方面的專家。這是一套複雜的技巧，你需要花時間去學習掌控，然後轉化為習慣。在指導需要提高技能的人時，你必須專注傾聽，總結對方在指導談話中告訴你的內容。不要爭論他們做錯了什麼或為什麼改變很重要。相反的，要有耐心並肯定對方的想法。如果合適的話，藉由培養他們的內在張力來播下一顆改變的種子。當這個人準備好改變的時候，對方會讓你知道。這將是可以開始培養對方領導習慣的提示。

Chapter 9

培養領導習慣

不管你是否意識到，「教導」是你日常生活的一部分。任何時候你都在幫助別人改變他們的行為，無論是出於職業原因還是身為家長的職責所在。當你的孩子在培養技能時，你實際上是在扮演教練的角色。你不需要心理學博士學位或教練的證書就可以做到這一點。如果你關心自己教導的人，想要看到他們成功，那麼你已經滿足了最重要的先決條件。

也許學習者是一個在談判技巧上苦苦掙扎的員工，或是一個不善於傾聽的朋友，也許是你的孩子，他不知道如何計畫自己的學校專題報告。又或者，學習者是你在教會的教友，他似乎無法與他人建立牢固的人際關係。無論哪種情形下，幫助別人成功學習新的技能和行為比你想像的容易。你不需要每隔一週安排一次正式的培訓課程，你不需要列出規則和結構，也不需要正式定義你作為此人教練的角色；你需要做的就是「關注對方需要什麼樣的支持」，然後在正確的時間說正確的話。

如果這聽起來太簡單，回頭再閱讀一遍第八章。不要陷入以下的思維陷阱：找到改變的動力取決於你。人們必須自己意識到需要去改變，並且必須找到自己的動力去實現改變。如果你試圖強迫他們什麼，只會引發抗拒和牴觸，你不能強迫人們學習新技能或改變他們的行為。你能做的就是在他們的人生發展旅程中支持他們。領導力發展也是如此。

在這一章節中，我將概述如何將領導習慣公式應用在訓練和指導的情境中。本章並不打算成為專業教練和職業顧問的全面指導指南，因為關於這類主題的書已經很多了。相反的，如果你想要幫別人培養更有效的領導習慣，你可以把這本書當成是幫助你日常實踐的入門讀物。

大多數人認為領導力培訓是一種類似心理治療的結構化過程，必須每個月或每兩週安排一次長達一小時的課程。對於專業教練來說，這種模式很有效。但對其他人來說，輔導不需要特定的結構或預先定義的過程。我們可以把輔導看作是一系列非正式的互動，當你花十分鐘與員工一對一討論他最近的工作任務時，你是在指導；當你在晚餐時鼓勵你的女兒繼續壘球訓練時，你是在指導；當你在教會結束後和教友談論建立更緊密的人際關係時，你是在指導；當你和朋友談論如何更好地傾聽時，你還是在指導。在日常互動中，你有能力影響別人的改變，讓他們更成功地塑造自己的領導技能。

當然，為了在正確的時間說正確的事，你首先需要知道說什麼，然後需要知道在何時說出來。這就是本章的內容。我將概述在應用領導者習慣公式時通常會經歷的過程，重點介紹如何確定、判別人們在該過程中所處的位置，並解釋他們在此過程中需要什麼樣的支持，以及要如何提供這種支持。這些都不需要你安排正式的培訓。

在大多數情況下，最好讓你的非正式指導互動保持簡短，比如一通十分鐘的電話、午餐時間的簡單回報，或者附帶的幾句話就足夠了。如果你是能接受這種模式的主管，你可以將指導討論融入與員工一對一的定期會議中。如果你是用該公式來教孩子們新技能的家長，你可以在晚餐時提供指導。如果你用這個公式來幫助朋友成長，你可以在漫步或喝茶時提供指導。重點是，使用領導習慣公式進行指導並不一定是正式的、強烈性的干預，在這種干預中，權威人物、朋友或家庭成員只會去迫使某人改變。本章說的指導是一些簡短的互動，幫助人們在改變過程中找到適合自己的方法，以及建立有效的領導習慣來發展領導技能。

思考改變

丹尼爾脾氣暴躁，他自己知道這一點。當我和丹尼爾共事時，讓我感興趣的不是他需要學會控制自己的脾氣——很多人都有這個弱點——而是他高度清晰的自我認識。丹尼爾很清楚發脾氣會帶來不好的後果，但他並沒有動力去做任何事來改變他的行為。

丹尼爾是一家發展快速的軟體公司CTO（Chief Technology Officer，首席技術官），從很多方面來看，他都是一位出色的高階經理人。他技術嫻熟，所有開發人員和工程師都很尊敬他。他把自己的團隊管理得很好，對員工表現出極大的關心，並且頭腦聰明。他能輕鬆解決複雜的技術和組織問題，這為他在公司贏得了很高的聲譽。從專業角度講，他唯一的缺點就是他的脾氣。

丹尼爾只有在壓力下才會爆發。這一點對任何行業來說都不好，但如果從事軟體開發工作，你就會明白，為什麼丹尼爾的弱點在他擔任CTO這個角色時尤其成為問題。截止時間和時間估算是每位開發人員的最大天敵。

大多數軟體的解決方案都很複雜，而且有很多未知因素，因此為新軟體產品提供準確發布日期幾乎是不可能的。但在商業領域，專案需要最後期限。對於每個發布週期，丹尼爾都會煞費苦心地計畫整個過程，從資料庫架構到開發和測試，但是他的團隊總是會落後計畫表幾週甚至幾個月才能完成任務。當然，這會造成與其他部門的很多摩擦，尤其是業務和行銷部門，他們需要為焦急等待的客戶按時推出新軟體。

在開發階段接近尾聲時，丹尼爾時常發火，尤其是當他感到來自業務和行銷的壓力不斷加劇時。在此時，以往平靜而愉快的丹尼爾像是變成了一條隨時噴火的龍。每當他覺得自己被施壓催促時，他就會進入防禦和憤怒狀態。發生這種情況時，跟他講道理完全沒用，他的執行團隊同事們已經學會在發布日期臨近時不要催促他。對丹尼爾來說，他知道自己的情緒爆發是個問題，但儘管他自己意識到這一點，這種情緒循環仍在重複。

我永遠知道何時丹尼爾要發布新軟體。因為沉寂一段時間後，他總是會打電話聊他壓力有多大，以及他對再次發脾氣感覺有多糟糕。每次他在團隊會議上生氣，他都會後悔，擔心這會損害他與其他高階經理人的關係，損害他的職業聲譽。他會談到有多麼希望能控制住自己的憤怒。

我在和他第一次通話中犯了一個大錯誤。當時我對其他客戶應用領導者習慣獲得的成功感到興奮，於是我告訴丹尼爾他可以透過每天五分鐘的簡短練習來改變他的行為。我認為他的自我認識和願意談論發脾氣的負面後果，意味著他已經準備好改變自己的行為。但是，我的建議立即遭到牴觸，他提出一大堆理由，解釋為什麼這種做法對他永遠不會有效。我們很快就進入到第八章描述的爭論——反駁的循環，我們的談話進入了死胡同。直到我們掛上電話，我才意識到我誤判了情況。丹尼爾知道他做錯了什麼，他知道他需要去改變、也知道改變的原因，他願意談論這個問題，但他還沒有準備好採取行動。我必須在他的地方與他見面，然後提供支持，而不是提供如何改變行為的建議。

有了這個想法後，我調整我的方法。下次丹尼爾打電話來時，我只是傾聽並總結他告訴我的內容，沒有提出任何建議。當他講完自己的各種懊悔後，我問他意識到自己脾氣帶來問題有多久了，他考慮想要改變又有多久？「兩年。」他回答我。幾週過去了，另一個軟體發布期又要到了，丹尼爾打電話給我，滿是懊悔的語氣，擔心自己再次發脾氣。我聽著熟悉的故事，我把忠告留給自己。這成了我們的慣例。又過了六個月，丹尼爾終於到了準備好的程度，準備開始他一直知道自己需要做的改變。

丹尼爾強烈反對我最初提出用領導習慣公式來改變行為的建議，這是一個明顯的跡象，顯示他還沒有準備好採取行動，儘管多年來他一直在考慮做些什麼來控制自己的脾氣。自我認識只是讓他走到應走之路的中途。儘管理解這個問題，他仍然處於心理學家說的思考期[1]（contemplation stage）。

當人們處於思考期時，他們會意識到自己的壞習慣或所欠缺的技能，他們在考慮改變。你會聽到他們談論自己的缺點，甚至會像丹尼爾那樣表示出懊悔和擔憂。思考者很理性地明白他們想要達到的理想狀態，他們甚至知道如何去做就能實現改變，但他們還沒有下定決心採取行動。他們陷入決策癱瘓的兩難境地——他們認識到自己行為的負面影響，但也知道要改變有多難，他們一直在權衡接受挑戰的利弊：「我是否真的想要改變，不惜付出努力？還是保持老樣子，一切都按部就班更容易些？我的行為到底有多差？」

就像丹尼爾一樣，一個人可以在思考期停留多年。對於思考者來說，改變習慣的利弊之間似乎是平衡的，所以他們感覺不到足夠的壓力來刺激自己採取行動。只做一直以來都在做的事情會更舒服，因為維持現狀不需要任何額外的努力。思考者是不會採取行動的，直到他們發現天平傾斜，改變行為開始利大於弊。作為教練，這是你可以提供幫助的地方。

壞習慣的好處是什麼？

經過多年的思考，丹尼爾最終採取行動的原因是，我提出一個他從未考慮過的問題，這讓他大吃一驚：「你從發脾氣中得到什麼好處呢？」

從利益的角度思考發脾氣，這讓他措手不及。大多數人試圖影響還在思考的人採取行動，但思考者只會專注於壞習慣的負面影響。為了避免負面後果而激勵人們去改變，這種方式很常見，但觀念並不正確，這在第八章說過。大多數人認為，如果他們能讓天平往負面結果傾斜，還在思考的人就會行動起來，但事實並非如此。

人們不會為了避免負面後果而改變自己的習慣，他們只有在想要轉變後才會真的去改變。對處於思考階段的人來說尤其如此。他們已經知道壞習慣的所有負面影響，儘管他們知道吸菸、喝酒或發脾氣對他們的危害，他們還是繼續這樣做。矛盾的是，思考者需要意識到的是：他們的壞習慣對自己有什麼好處。吸菸對吸菸者來說有什麼好處？飲酒對酗酒者有什麼好處？丹尼爾發脾氣時的結果是什麼？即使是壞習慣也會有好處。如果沒有，處於思考階段的人就不會繼續這樣做。

丹尼爾沒有立即回答我的問題。他一直太專注於自己習慣的缺點，以至於他無法想出任何好處。我重新設計這個問題，幫助他從不同角度看待自己的行為。「想想你最後一次發脾氣的情景，」我說，「當時你感覺如何？」丹尼爾回憶起一次管理團隊會議，他記得在激憤地長篇指責後，自己感覺如釋重負。他說他感覺自己變得堅定、強大，有重新掌控局面的感覺——當他的團隊無法按時交出軟體時，他的感受正好相反。我們談到那次經歷，他意識到當他感到無力時，他是在利用自己的憤怒來獲得控制感。這就是他最終從思考轉向行動所需要的思想轉變。

當丹尼爾意識到發脾氣給他帶來的好處時，他明白了自己為什麼要這樣做。這種頓悟最終促使他改變自己的行為，因為現在他可以想出更多更有效的方法來獲得控制感，並在他似乎無法控制局面的情況下，依然感到堅定和強大。現在是我們談論領導習慣公式的時候了，我設計一個簡單的日常練習，教他控制自己的憤怒。

對於處於思考階段的人來說，丹尼爾是很典型的例子。一項在臉書上針對年輕人戒菸的計畫中，研究人員發現，與那些只關注吸菸負面影響的貼文相比，關注吸菸利弊的「決策平衡」貼文更能吸引思考者的關注，他們會點讚或評論[2]。就像丹尼爾一樣，這個實驗中的思考者知道他們的行為對健康有害，他們不需要更多關於肺氣腫或肺癌的訊息，或者其他任何煙草使用弊端的資料。他們需要的是一種視角，就是壞習慣以一種他們可能從未想過的方式給他們帶來的好處。例如，吸菸者可以透過深吸一口香菸來獲得放鬆感，幫助他們減輕壓力。被壞習慣的好處驚訝到的思考者，對於為何自己會一直保持壞習慣有了重要且全新的認識，而這些認識讓天平向「改變」傾斜。意識到壞習慣所帶來的好處，有助於人們堅持他們的領導習慣練習，並使他們的新習慣長期保持下去，因為他們已經準備好去對抗或逃離那些可能讓他們重回舊習慣的誘惑。

用不相容的行為代替壞習慣

當人們想改變自己的習慣時，通常會想到他們想要停止做的事情，比如戒菸、少酒、戒掉速食和汽水，或者不發脾氣。這種想法的問題在於它是消極的——它關注的是「不去做什麼」，而不是「去做什麼」。你不能建立一個不做某事的日常鍛鍊，那麼該如何扭轉這種思維並幫助人們找到適當的日常練習呢？答案是一個簡單的技巧，老師和家長或許已經十分熟悉了：用不相容的良好行為代替不良行為。

「停止這樣做」的思維模式很難打破，因為對許多人來說，糾正錯誤行為的策略就是懲罰。午餐時間時一個孩子在教室裡跑步，身為老師的你會對他大喊要求他停下來，或者對他進行隔離處分，又或者通知他的父母，有可能這三件事你都做了。如果這個孩子下次還是在午餐時間在教室裡亂跑，你會重複懲罰。這是我們熟悉的為避免消極後果而改變行為的例子，它與本章已經討論過的其他方法一樣無效。

懲罰消極行為的另一種方法是，獎勵想要取代消極行為的積極行為。關鍵是這兩種行為必須是不相容的（incompatible）——也就是說，兩種行為必然不可能同時發生。例如，跑步和散步就是不相容的，你不可能在慢步走的同時跑步，反之亦然。因此，不要因為午餐時在教室跑步而懲罰孩子，可以選擇獎勵他們在教室內慢步走的行為。在猶他州的一所小學，研究人員測試的正是這種情境。當老師看到孩子們在餐廳慢步走時，他們會口頭表揚孩子們的表現，並給他們一張黃色記錄卡以示對良好行為的認可，沒有人因為跑步而受到懲罰。結果呢？在餐廳裡跑步的人減少了七五%，這顯示儘管與人們普遍的看法不同，但實際上，我們可以透過不懲罰，僅靠獎勵另一個不相容的替代行為來停止不良行為[3]。這種方法也對丹尼爾起了作用。

當丹尼爾準備好採取行動改變他的暴躁脾氣時，我向他說明領導習慣的公式，我們查看第三部分的技能和練習，找到適合他的日常練習。但是我們遇到了一個問題：沒有針對壞脾氣或控制憤怒的練習。我們還必須找到與丹尼爾的憤怒不相容的行為，因為領導習慣的公式是基於增加新的行為，而不是採取舊而無效的「停止那樣做」的方法。一旦我們發現了不相容行為，我們就可以依此建構出一個個人化的領導習慣練習。

我以一個問題開始這個過程：「你認為憤怒的對立面是什麼？」丹尼爾提到了關心、尊重和禮貌等內容，這與領導習慣中「表示關懷」的領導技能相匹配。我們回顧了表現關懷的微行為和練習，丹尼爾最後確定了「以禮貌和尊重的方式與他人交流」的微行為。這是一個不錯的選擇，因為丹尼爾不可能在對同事大吼大叫的同時，以禮貌和尊重的方式與同事交流——這兩種行為是不相容的。

接下來，丹尼爾和我必須把這種微行為轉化為一種日常練習，並給予適當的提示，幫助丹尼爾用禮貌和尊重交流的積極行為取代發脾氣的消極行為。對丹尼爾來說，最有效的提示應該是他剛意識到自己要生氣的那一刻，因為那一刻後他就要開始大吼大叫了。丹尼爾描述當時的感覺，就好像身體是一壺蓋緊蓋子的沸水，壓力逐漸累積直到他爆發。我們在提示的初稿中使用這個比喻：當你注意到身體感覺像一壺燒開的沸水後。但我們仍然需要將微行為本身變成日常練習，變成丹尼爾在他開始感到憤怒時所能做的事情。考慮到這將是一個及時的練習，我們有兩個選擇：丹尼爾可以選擇做一個聲明，或是提出問題。丹尼爾決定選擇做聲明。我問：「在這種情況下，你認為禮貌和尊重的交流方式是什麼模樣？」丹尼爾說，他應該感謝同事們讓他注意到這個問題，並在回應前要求給他一些時間讓自己冷靜下來。在此基礎上，我們完成了丹尼爾培養新領導習慣的完整練習初稿。當他感覺自己的身體像是一壺開水時就要說：「謝謝你讓我注意到這一點。讓我思考一下，稍後再回覆你。」

丹尼爾的練習方案初稿是一個好的開始，但是我們仍然有兩個問題需要解決。第一個問題是，對丹尼爾的提示太過具體，具體到在他脾氣實際上已爆發的極端情景下——他感覺自己像一壺煮沸的水，而這只發生在即將推出新軟體期間，並且在他被催促的條件下。這個提示過於具體，他無法每天練習，因此將新行為變成一種習慣的連結會變得困難。為了解決這個問題，我們需要找到一個類似的提示，且保證丹尼爾每天都會遇到。

第二個問題是，丹尼爾的練習與強烈的情緒體驗直接相關——他變得十分生氣以至於發脾氣。要理解為什麼這是一個問題，需要回到第四章中我的鄰居莎賓娜和她的狗麥斯的故事。你可能還記得，莎賓娜使用將簡單行為連結在一起的技巧，來教麥斯清理牠的玩具。這對麥斯所有的玩具都有效，除了一隻尖叫雞。麥斯最喜歡那隻尖叫雞玩具。每當玩具雞吱吱叫的時候，牠就會興奮得無法集中注意力，開始玩耍。麥斯情不自禁——那隻尖叫雞就是牠的情感觸發器。當小雞吱吱地叫時，麥斯感到興奮，牠便無法練習，也無法學會把玩具放好。

強烈情緒的體驗，比如麥斯的興奮或丹尼爾的憤怒，會讓他們失去專注力。我們被強烈的情緒淹沒時，除了情緒本身，我們很難理性地去思考或專注於其他任何事情。在塑造習慣時，強烈的情緒會干擾到有意練習新行為的能力。如果想要取代高度情緒化情況下出現的壞習慣，最好是在情緒低落的時候先演練這種行為。這正是丹尼爾所做的。

雖然丹尼爾並不總是覺得自己像一壺沸水（強烈的情緒），但他確實每天都會經歷些小的沮喪和煩躁（微弱情緒），像大多數人一樣。我們調整了他的做法，在注意到最輕微的挫敗感或煩躁後說：「謝謝你讓我注意到這一點。讓我思考一下，稍後再回覆你。」現在這個練習是丹尼爾每天都可以輕鬆做到的。

支持領導習慣練習

對準備好改變行為和培養更好領導技能的人來說，領導習慣公式提供了一個簡單的行動計畫：選擇一個簡單的日常練習，直到新的行為成為習慣。儘管這個公式讓改變變得更容易，但不要錯誤地認為人們只是在練習中輕鬆漫遊六十六天（或更長時間）。要預測在整個過程中將會需要什麼支持，正式的還是非正式的，了解不同的人在不同的時間需要的不同支持。有些人會公開向你表達他們改變的決心，有些人會向你確認他們是否在正確的軌道上，有些人會尋找一個負責任的夥伴，還有一些人會需要你來提高他們的自我效能（他們相信自己有能力成功地做出改變）。

當人們第一次開始練習時，通常會尋求肯定，以確保自己在正確的軌道上。新行為在這個階段會讓人感到尷尬和不舒服，所以人們很自然地需要他人對自己做得對的地方表達安慰和肯定。還記得你第一次繫上安全帶或開始學習一項新運動時的情形嗎？儘管領導習慣練習非常簡單，但是期望人們能馬上掌握是不合理的。在早期的過程中存在失誤很常見，不應該將之視為失敗的標誌。作為一名教練，你可以透過肯定他們的努力，並幫助他們規範練習體驗，以克服早期練習歷程的不確定性。像「大多數人在第一次嘗試新的行為時都會感到尷尬」這種簡單說法會很有用。

隨著熟練程度的提高，當新的行為融入自我形象時，我們會覺得更自然。隨著時間的推移，我們自然地將行為融入到自我形象中——某行為做得越多，就越把該行為視為自身的一部分。你還可以使用一些技巧來幫助加速這種融合。一是透過簡單的反思，從認知上處理自己的練習體驗，把它看作是第八章學到的偽善誘導技巧的後續。在偽善誘導中，你引導學習者讓他為理想行為辯護來強化他的觀點，這有助於學習者積極地認同新的行為。一旦學習者開始透過有意識的練習來改變自己的行為，新行為的反思可以幫助他加強對新行為的積極認同，加速形成新的自我形象。

在幫助人們處理新經歷時，我建議使用一個簡單的框架來引導對話。我比較喜歡的框架是EAR，它代表「期望—行動—結果」。EAR模型是理解人類行為的基本模型。使用EAR模型，可以將日常經歷看作是由我們的期望、行動以及行動的結果所組成。

期望（Expection）是引導我們採取行動的思維過程，它包括我們對所處環境的看法、對過去的類似經歷、對所做的假設、我們的感受，以及如何對競爭的需求和情緒做優先排序。

行動（Action）是我們的實際行為，它包括我們針對情況和期望所說的、所做的或所寫的所有行為。然後行動自然導致結果，也就是我們行為的結果。

結果（Result）既包括我們對自己所做的事情的反應，也包括其他人的想法、感受和行為，就是他人對我們的行為所做的、所說的或所寫的回應。

幾乎在任何情況下都可以使用EAR架構。在領導習慣公式中，這是一個很好的方式，可以幫助人們反思自己最初的幾次練習經歷。圖9-1為EAR架構的每個部分提供輔助性的問題列表。例如，如果你使用這個架構來幫助某人，回想他們最初的幾次嘗試，你可以詢問他們採取的行動：「你做了什麼、說了什麼、寫了什麼？」然後你可以探究是什麼引發這些問題：「你注意到什麼？你是怎麼想的？」最後，為了幫助學習者反思練習的結果，你可以問：「最後的結果是什麼？」

來看看如何進行指導的例子可能比較有幫助。這是我和丹尼爾的對話，時間是在他開始練習領導習慣兩週後。

圖9-1　期望—行動—結果

期望	◆ 你是怎麼想的？ ◆ 你注意到了什麼？ ◆ 你做了什麼假設？ ◆ 你感覺如何？ ◆ 這和什麼很相似？ ◆ 你優先考慮的是什麼？ ◆ 你使用了哪些知識？
行動	◆ 你做了什麼、說了什麼、寫了什麼？ ◆ 你做了什麼決定？ ◆ 你做了什麼樣的權衡和妥協？ ◆ 你沒有嘗試過什麼？ ◆ 下次你會有什麼不同的做法嗎？
結果	◆ 最終結果發生了什麼？ ◆ 你到得了什麼成績？ ◆ 其他人有何反應？ ◆ 其他人做了什麼或說了什麼來作為回應？ ◆ 其他人事後感覺如何？ ◆ 事後你有什麼想法或感覺？ ◆ 你能做什麼來避免這種結果或反應？

我使用的不同技巧都用方括弧注釋。

我：我想追蹤一下我們上次討論過的練習。情況怎麼樣？

丹尼爾：已經在進行中。我試過幾次，但我覺得這感覺起來很奇怪。

我：我很高興聽到你試過了，這是好消息。〔肯定〕你知道，大多數人在嘗試新行為時會感到尷尬。〔規範體驗〕

丹尼爾：很高興知道這個事實。我想任何新事物都需要時間來適應。

我：是的，確實。我很想知道你做這個練習時的具體情況。

丹尼爾：昨天在回家的路上，一位開發人員攔住我問了一個關於會議的問題，我很生氣。我正趕著離開辦公室去參加女兒的演奏會，他卻來問我關於團隊會議議程的愚蠢問題。我感到很惱火。

我：你做什麼了？〔行動〕

丹尼爾：我感謝他讓我注意到這件事，並告訴他我之後再回覆他。

我：太棒了！你得到一個很好的機會來實踐這個練習，而且你記得要這麼做。

丹尼爾：〔肯定〕是的，我做到了。

我：結果呢？〔結果〕

丹尼爾：他說：「好的，謝謝。」

我：那之後你感覺如何？〔結果〕

丹尼爾：它實際上讓我感覺很好。我沒有生氣，沒有對他大喊大叫，也沒有駁回他的問題。這是很好的練習。

我：你回答了他的問題，並告訴他你稍後會回覆他。你表現得彬彬有禮，且尊重對方。〔總結〕

丹尼爾：是的。這讓我感覺很好。

我：太好了。聽到這個我很高興。在他攔下你之前你是怎麼想的？〔期望〕

丹尼爾：我趕著離開辦公室，因為我擔心去女兒的演奏會會遲到。

我：你對他的問題怎麼看？〔期望〕

丹尼爾：我認為很愚蠢。他看出我趕時間，他本可以查一下會議日程的。他沒有必要攔住我。

我：你基於他看出來你匆忙出門的假設，所以你覺得他的問題很無禮。〔總結〕

丹尼爾：你可以這麼說，是的。

我：這就是你生氣的原因嗎？〔期望〕

丹尼爾：是的，我顯然是趕時間，他應該注意到這一點。

我：是什麼讓你想到這個練習？

丹尼爾：〔探索提示〕是一種惱怒情緒。我擔心我會遲到時，他用一個微不足道的問題阻止了我。

請注意我是如何強化丹尼爾的第一次練習，透過說其他人在第一次嘗試新事物時也感到尷尬來規範他的體驗。我還使用了EAR架構讓他反思自己的練習經歷。我幫助他分析自己採取的行動，是什麼引發了行動，以及行動的結果。然後我們專注於提示，特別是他如何識別它，以及是什麼讓他認為有意願執行這個練習。這個簡單的指導討論的目的，是用肯定來強化丹尼爾的嘗試，藉由加強他作為一個有禮貌、尊重人的自我形象來鞏固他的練習。鼓勵他思考提示並找出它的特徵，讓丹尼爾更有可能意識到未來的類似情況，並繼續練習他的行為。

相信自己做得到

如果一個學習者在最初幾次的領導習慣練習結果是積極正面的話，他將更有可能繼續練習。正如我與丹尼爾的談話中看到的那樣，創造一個舒適空間，讓學習者可以反思他的練習經歷，這是一個很好的方法。另一個支持領導習慣練習的有效方法是：提高學習者的自我效能，讓他相信自己可以繼續練習並成功地學習新的行為。

提高自我效能最常見的訓練技巧之一，是幫助學習者發現出現在改變中的障礙。這是為了幫助人們反思：是什麼阻礙了他們完成目標。如此就能找到克服這些障礙的方法。比方說你知道的一些問題：是什麼阻礙了你？什麼使你無法做……？你在……中看到了什麼障礙？

這些問題本意是好的，但結果適得其反。我們在一份提高人們自我效能的二十七項研究綜述中發現，識別和討論障礙的技能，實際上導致了自我效能的降低[4]。在探究自己的個人障礙後，人們對自己成功的能力變得不那麼相信了。如果你能理解為什麼批評性回饋不能激勵人們去改變，這就很好明白。就像批評性回饋會讓人們積極提出反對改變的理由一樣，讓人們思考他們面臨的障礙，會讓他們想出他們不能成功的理由。如果你對想要提高領導技能的人使用這種技巧，他們會告訴你為什麼他們不能做領導習慣練習，或者為什麼改變太難。在這個過程中，他們可能會說服自己這些原因都屬實。那你該怎麼做呢？

這份研究綜述也發現了幾種有效提高自我效能的策略。首先，積極的說服技巧，如建立一個人的信心或關注改變的好處，它們確實會產生影響。告訴別人：「你能做到，只要繼續練習，它會讓你成為一個更好的領導者。」這當然沒什麼壞處。但是，除了積極的說服技巧之外，還有別的方法，而且更有效：讓人們知道他們已經練習了多少[5]。這就解釋了第五章中計步器研究的發現。在這項研究中，能在手機上追蹤自己表現的參與者，比那些無法使用手機應用程式的參與者進行了更多的體育活動[6]。監測過去的表現使參與者意識到自己的成功——他們可以看到自己付出了多少努力。只要看到他們已經得到的成就，他們就會相信自己是可以得到更多成就的，從而鼓勵他們做得比實際上更多。

讓人們意識到自己的成功，是提高自我效能的一種簡單有效的方法。即使是初期幾次成功的領導習慣練習，也可以為相信自己有能力提高領導技能奠定基礎。

有趣的是，這項研究還發現，對人們過去的行為提供書面回饋（透過電子郵件或線上方式），會比口頭回饋產生更高的自我效能[7]。因此，如第五章所建議的，鼓勵他人以書面形式記錄他們的練習是非常重要的。書面追蹤的方法包括在紙本日曆上劃掉天數，檢查重複的任務或待辦事項，使用手機中追蹤習慣的應用程式等。人們越是嚴格地追蹤他們的練習，獲得的回饋就越能提高他們的自我效能。追蹤還提供了對過去成功的練習進行簡單指導的機會。例如，你可以問一個學習者總共練習了多少天，或者連續練習多長時間。你可以用這些訊息來幫助他慶祝他的早期勝利：「你已經練習了十天耶！」、「這個成績太棒了！」

除了追蹤練習能作為一種提高自我效能的方法外，這項研究綜述還發現了另一種幾乎同樣有效的方法：讓學習者觀察其他人如何練習他們正在練習的行為[8]。事實證明，看到別人做某事讓我們相信自己也能做到，從而提高我們的自我效能。例如，你可以為你的學習者示範領導習慣練習，或者你也可以讓他觀察其他已經掌握這種技能的人。之後，使用圖9-1的EAR架構來討論他從觀察中學到什麼。試著提出這樣的問題：是什麼情況？是什麼促使這個人做出這種行為的？這個人到底做了什麼？這種行為的結果是什麼？其他人對此有何反應？你的結論是什麼？你是怎麼想的？你感覺如何？

不要馬上停下來

當人們在領導習慣上有進步，並依賴新行為提升了能力時，他們技能的提高變得顯而易見，看起來似乎已經成功將這種行為變成一種習慣。在大多數情形下，這會發生在學習者正在接近或已經達到掌控程度時，恰好是在習慣真正形成之前。這是學習者發展的關鍵點。一旦達到掌控程度，看起來似乎就沒有什麼可學的了，此時人們會很想要把自己的領導習慣練習停掉。但請記住，自動化是習慣形成的關鍵，它只有在過度學習階段才會發生，也就是當人們練習到超越掌控程度後。這裡的危險是：如果學習者現在停止練習，不把行為轉變成習慣，那麼他們在此之前付出的所有努力都將白費。在此階段你提供的支持，必須能幫助學習者繼續練習，直到習慣真正形成。一旦你注意到你所指導的人已達到精通狀態，就應該重新審視自動化的概念，並開始對學習者何時可以完全形成習慣的期望進行管理。當學習者能夠毫無瑕疵地完成練習，而且對練習充滿信心，或他覺得自己已經不能再有任何改善時，你就知道他已經達到精通的程度了。此時是使用第二章自動化清單（圖2-1）的好機會，看看自動化是否已經開始形成。

對於學習者已經達到精通程度的期望管理，就是提醒他養成一個習慣需要多長時間——平均需要六十六天的練習（可能更長，取決於此人與其行為）[9]。即使那些在理論上完全理解領導習慣公式的人，也很難接受六十六天的基線，這可能是因為它比人們普遍認為形成一個習慣只需要二十一天的時間週期要長三倍多。我發現，對行為最終達到精通程度的過程，這樣的提醒有助於解釋學習者大腦創造行為的思維模型。在過度學習的階段，持續的練習能讓大腦減少不必要的過程和消除能量浪費，來努力更新思維模型。學習者在這個階段並沒有意識到大腦在努力工作，因為已達到精通程度的行為在他看來很容易，在身體內部就已經是這樣，所有無意識的辛苦練習將他的行為變成了習慣。如果學習者在思維模型得到完全完善之前停止練習，習慣就不會形成。這就是為什麼學習者必須繼續練習，儘管他覺得自己在練習中已經好到不能做得更好。

為培養習慣提供支持

正如在本章開頭寫的那樣，領導習慣的指導就是在人們培養新的領導技能過程中

圖9-2　指導領導習慣

還沒準備好
- 不知道缺點和抗拒回饋
- 產生內在衝突

↓

思考階段
- 詢問不良行為的好處後驚訝頓悟
- 意識到缺點並考慮改變

↓

準備行動
- 致力於改變
- 解釋領導者公式並找出最好的練習

↓

早期的嘗試
- 前兩週的練習
- 使用EAR架構促進反思

↓

練習
- 早期嘗試後繼續練習
- 透過討論過去的成功練習增加自我效能
- 繼續使用EAR架構進行反思

↓

過度練習
- 達到精通、無暇的表現
- 自動化的追蹤
- 管理期望

提供需要的支持。這種支持可以是正式的，也可以是非正式的，視情況而定。無論哪種方式，關鍵都是在正確的時間說正確的話。如果你需要一個快速的參考資料來幫助你為指導互動做準備，圖9-2可以說明在發展領導習慣時所經歷的不同階段，列出每個階段對應的關鍵指標，並提供如何在每個階段支持人們的建議。

永遠記住，當人們準備好時，他們會按照自己的條件和時間開始習慣塑造之旅。沒有意識到自己的不良習慣或技能欠缺，以及對回饋有抗拒的人可能還沒有做好改變的準備。你不能用批評、負面影響或任何外部的威脅來激勵他們，改變的動力必須來自他們內心。

在此階段，最好是幫助人們在自我形象和實際行為之間建立內在衝突。讓他意識到這種不一致，從而激勵他開始一段培養習慣的旅程。

要明白，需要改變的人並不總是能立即開始這個過程，通常他們必須考慮改變，並說服自己這值得付出努力。在此階段，他們意識到自己有不妥當的行為或技巧方面的欠缺，並認真考慮採取行動。他們權衡做出改變的利弊：不良行為有多差，新技能有多重要，他們願意付出多少精力去改變等等。當一個人處於思考階段時，改變的利弊在他看來是平均。利弊的天平向一邊傾斜後，他才會採取行動。否則，他將停留在思考階段。但你可以幫忙讓天平變傾斜。與其把注意力集中在某人行為的消極方面，不如讓他驚訝地發現自己從中得到了什麼好處。這種視角的轉變可以幫助一個人打破思考的僵局，促使他採取行動。

當有人準備好行動的時候——比如說是黛安娜——她承諾要做出改變。在黛安娜改變之前，很難確定自己是否已經達到這個階段。但如果她讓你知道她已經準備好改變自己的行為，通常是一個好跡象。在這一點上，制訂一個簡單清晰的行動計畫非常重要，也是領導習慣公式發揮作用的時候。我建議你花點時間向黛安娜簡單解釋這個公式的運行方式，以及它背後的研究成果，這有助於後續的追蹤。然後，你可以與她一起作為學習者，幫助她找到第一個領導習慣練習。

在黛安娜確定了自己的第一個練習後，就開始了她有意識的練習。我建議你立即建立一個追蹤機制，以便監督她的練習。這個練習一開始很可能會讓人覺得尷尬，所以黛安娜需要得到肯定，讓她意識到她在正確的軌道上。使用圖9-1中的EAR架構來幫助分析她早期嘗試的幾次練習，使她確信自己做的是正確的，或者找出需要調整的地方讓練習對她更有效。也許提示需要更明顯突出，或者行為需要更微小。

如果早期的嘗試練習進展順利，黛安娜確信自己做法正確，她將繼續練習。在這個階段，她會一邊學習一邊繼續尋求對她努力的認可和肯定。你可以藉由提高她的自我效能和定期強調過去的成功練習來支持她。這樣的肯定會使她相信自己可以成功，並激勵她堅持下去。持續進行週期性的反思也很有用，這樣可以確保你們都知道哪些是有效的，哪些是需要調整的。

領導習慣公式的美妙之處在於，行為改變往往發生得很快，人們可以迅速掌握自己的練習內容。此時，習慣週期即將進入過度學習階段。在過度學習階段，人們能夠毫無瑕疵地完成練習。這是一個重要的成就，但如果學習者不明白需要繼續練習到超越精通程度，就會產生問題，他們可能會覺得自己停滯不前，是時候開始新的練習。要指導處於過度學習階段的人，可使用自動化清單（第二章的圖2-1）來了解他們還差多遠就可以形成新習慣，並藉由重申平均需要六十六天的練習才能實現自動化來管理他們的期望[10]。這也可能有助於解釋他們的大腦是如何無意識地努力精簡他們的行為思維模型，即使這似乎不再需要更多刻意的練習。

請記住，儘管我曾將運用領導習慣公式培養領導技能描述為一個線性過程，但人們受挫後會經常重新回到初始階段，這很常見。因此，不要以為你指導的學員只是在向前邁進。你必須時刻保持警惕，看看他們在這個過程中處於什麼位置，並相應地調整你的支持幫助。

與好習慣同行

領導者的習慣公式提供了一個實用的模型，你可以用它來幫助別人發展領導技能，並成為更好的領導者和教練。該模型易於解釋，第三部提供的領導技能和練習能使它更易於實踐。父母、老師、朋友和社區幹部以及非正式導師，都可以運用這些原則幫助他人實現個人成長；企業管理者可以用這個公式來培養員工；高階經理人、生活教練和諮詢師可以將它用於客戶；人力資源和組織發展專業人員可以運用它在組織內建立有效的領導力發展培訓。

生活總是在不斷地變化，我們對遇到的每一種情況都會有習慣性的反應，不論好壞。你下意識做的每個新行為都有可能變成一個新習慣。你會欣賞其中一些習慣，也會對某些表示遺憾。一旦一個習慣形成，你可能不記得是有意還是無意，但想要打破它卻必然很困難。這個力量來自於大腦的自動反應——將行為轉化為對特定提示的回饋。如果我們的習慣是消極的，這種力量會阻止我們前進。但如果我們運用它來培養新技能，它可以幫助我們成長。無論你是養成自己的習慣，還是支持他人培養習慣，都是如此。在你的新習慣生根發芽，並開始透過新的無意識行為塑造你的行為後，你今天決定成為什麼樣的人，就會在幾個月內自動成為那樣的人，將這股力量為你所用。領導習慣公式可以讓你和你所指導的人輕鬆掌握各種技能，每天只需幾分鐘。你越早開始練習，就會越早看到變化，你的新技能就會越早成為你的領導者習慣。

致謝

本書是團隊合作的成果。我必須表揚AMACOM出版社的出色團隊，他們讓出版過程成為一次非常充實的體驗，以及我在Pinsight®的精湛團隊，感謝他們每天都忍受我有好有壞的領導習慣。許多人為本書做出重要的貢獻，無論是直接的，還是透過間接的影響我的思想、工作和生活。

特別感謝：

馬克・施普林格（Mark Springer）對本書的每一章、段落、頁面和句子不知疲倦地修改、編輯和給予意見。你給了整本書完整的內容樣式。

感謝艾倫・卡丁（Ellen Kadin）讓我有機會提案五次。我祈禱最後一個版本能成功。

感謝詹妮弗・霍爾德建議我在勞動節週末重寫本書三分之一的篇幅。我相信它使本書（和我）更強大。

克里斯蒂．帕尼科（Christy Panico）、伯尼．沃斯（Bernie Voss）以及Pinsight®的其他所有人都參與了我們關於領導技能的全球研究。我們希望，我們的見解能讓糟糕的主管們消失。

感謝蘿拉，史考特，我的鄰居莎賓娜，金色獵犬麥斯，約翰，露絲和丹尼爾。我永遠不會在現實生活中透露誰是誰。

感謝我的母親鼓勵我在想要放棄的時候登上回美國的飛機，感謝總是和我一起歡笑的姐姐，感謝我的奶奶讓我使用她的打字機寫我的第一本書（我希望沒有人能找到它）。我非常愛你們。

感謝鮑勃和珍妮．恩斯利教會了我慷慨大方的習慣。

感謝塔拉．維加（Tara Vega）在凌晨三點回覆WhatsApp的消息。你必須停止（熬夜）！

邁爾斯．鮑德溫（Miles Baldwin）幫助我將研究專案轉變為茁壯成長的業務。

克里斯汀和雅克．德沃（Jacques Devaud）圍繞你們完美的桌子進行激動人心的商業討論。

李·庫勒（Lee Kooler）的姓應該是「koolest」（最酷的），因為在她的課堂上我愛上了心理學。

感謝傑米·麥克里向我介紹了我未來的諮詢事業。

柯特·克拉格（Kurt Kraiger）和喬治·桑頓（George Thornton），感謝你們耐心監督我的畢業作品。

達薩·皮卡洛娃（Dasa Pikalova）和亞歷桑德·薩布爾（Alejandro Sabre）教我日常（鋼琴）練習的紀律。

奧特姆和泰絲，你們比任何人都更清楚地看到我的壞習慣，但你們仍然是我的朋友。

最後，感謝我們企業的客戶，你們持續在發展員工方面投資，以及全球數千名有抱負的領導者，你們每年都會完成我們的課程。你們的新習慣繼續激勵著Pinsight®的所有人。

註釋

第一章　領導力是一系列習慣的總合

1. Wendy Wood and David T. Neal, "The habitual consumer," *Journal of Consumer Psychology* 19, no. 4 (2009): 580, doi: 10.1016/j.jcps.2009.08.003.
2. Frederico A. C. Azevedo, Ludmila R. B. Carvalho, Leat T. Grinberg, Jose M. Farfel, Renata E. L. Ferretti, Renata E. P. Leite, Wilson J. Filho, Roberto Lent, and Suzana Herculana-Houzel, "Equal numbers of neuronal and nonneuronal cells make the human brain an isometrically scaled-up primate brain," *The Journal of Comparative Neurology* 513, no. 5 (2009): 532, doi: 10.1002/cne.21974.
3. John A. Bargh, Mark Chen, and Lara Burrows, "Automaticity of Social Behavior: Direct Effects of Trait Construct and Stereotype Activation on Action," *Journal of Personality and Social Psychology* 71, no. 2 (1996): 230–244, doi: 10.1037/0022-3514.71.2.230.
4. David T. Neal, Wendy Wood, Jennifer S. Labrecque, and Phillippa Lally,"How do habits guide behavior? Perceived and actual triggers of habits in daily life," *Journal of Experimental Social Psychology* 48, no. 2 (2012): 492–498, doi: 10.1016/j.jesp.2011.10.011.
5. John A. Bargh and Tanya L. Chartrand, "The Unbearable Automaticity of Being," *American Psychologist* 54, no. 7 (1999): 462–479, doi: 10.1037/0003-066X.54.7.462.
6. Jeffrey M. Quinn and Wendy Wood, "Habits Across the Lifespan" (working paper, Duke University, 2005), 12.

7. Wendy Wood, Jeffrey M. Quinn, and Deborah A. Kashy, "Habits in Everyday Life: Thought, Emotion, and Action," *Journal of Personality and Social Psychology* 83, no. 6 (2002): 1286, doi: 10.1037/0022-3514.83.6.1281.
8. Fermin Moscoso Del Prado Martin, "The thermodynamics of human reaction times," retrieved from https://arxiv.org/pdf/0908.3170.pdf (August 2009), 6.
9. Beth Crandall and Karen Gethcell-Reiter, "Human Factors in Medicine: Critical Decision Method: A Technique for Eliciting Concrete Assessment Indicators from the Intuition of NICU Nurses," *Advances in Nursing Science* 16, no. 1 (1993): 72–77.
10. Milan Kundera, *The Unbearable Lightness of Being* (New York: Harper & Row, 1984).
11. Richard D. Arvey, Maria Rotundo, Wendy Johnson, Zhen Zhang, and Matt McGue, "The determinants of leadership role occupancy: Genetic and personality factors," *The Leadership Quarterly* 17, no. 1 (2006): 1, doi:10.1016/j.leaqua.2005.10.009.
12. Anoop K. Patiar and Lokman Mia, "Transformational Leadership Style, Market Competition and Departmental Performance: Evidence from Luxury Hotels in Australia," *International Journal of Hospitality Management* 28, no. 2 (2009): 259, doi: 10.1016/j.ijhm.2008.09.003.
13. Rod L. Flanigan, Gary Stewardson, Jeffrew Dew, Michelle M. Fleig-Palmer, and Edward Reeve, "Effects of Leadership on Financial Performance at the Local Level of an Industrial Distributor," *The Journal of Technology, Management, and Applied Engineering* 29, no. 4 (2013): 6–7.
14. John LaRosa, "Overview & Status of The U.S. Self-improvement Market: Market Size, Segments, Emerging Trends & Forecasts," *Market Data Enterprises Inc.*, November 2013, https://www.slideshare.net/jonlar/theus-self-improvement-market
15. Andrea Derler, "Boosted Spend on Leadership Development—The Facts and Figures," *Bersin by Deloitte* (blog), July 18, 2012, http://blog.bersin.com/boosted-spend-on-leadership-development-the-facts-and-figures/

16. Robert B. Kaiser and Gordy Curphy, "Leadership Development: The Failure of an Industry and the Opportunity for Consulting Psychologists," *Consulting Psychology Journal: Practice and Research* 65, no. 4 (2013): 294, doi: 10.1037/a0035460.
17. Laci Loew, *State of Leadership Development in 2015: The Time to Act is Now* (Brandon Hall Group, 2015), 5. PDF e-book, http://www.ddiworld.com/DDI/media/trend-research/state-of-leadership-development_tr_brandon-hall.pdf?ext=.pdf%25252520
18. Lindsay Thomson, Lauretta Lu, Deanna Pate, Britt Andreatta, Allison Schnidman, and Todd Dewett, *2017 Workplace Learning Report: How modern L&D pros are tackling top challenges*, (LinkedIn, 2017), 17. PDF e-book, https://learning.linkedin.com/content/dam/me/learning/en-us/pdfs/lil-workplace-learning-report.pdf
19. David L. Georgensen, "The problem of transfer calls for partnership," *Training and Development Journal* 36, no. 10 (1982): 75–78.
20. Alfred H. Fuchs and Katharine S. Milar, "Psychology as a Science," *Handbook of Psychology Volume I: History of Psychology*, eds. Donald Freedheim and Irving Weiner (John Wiley & Sons, 2003), 6. PDF e-book, http://areas.fba.ul.pt/jpeneda/Psychology%20as%20a%20Science.pdf
21. Harry P. Bahrick, Lorraine E. Bahrick, Audrey S. Bahrick, and Phyllis E. Bahrick, "Maintenance of Foreign Language Vocabulary and the Spacing Effect," *Psychological Science* 4, no. 5 (1993): 318–319, doi: 10.1111/j.1467-9280.1993.tb00571.x.

第二章　領導者習慣公式

1. Pamela Engel, "Heroic Flight Attendant Was The Last Person To Leave The Burning Asiana Flight 214," Transportation, *Business Insider*, Jul. 9, 2013, http://www.businessinsider.com/lee-yoon-hye-rescuespassengers-on-asiana-flight-214-2013-7

2. Phillippa Lally, Cornelia H. M. van Jaarsveld, Henry W. W. Potts, and Jane Wardle, "How are habits formed: Modelling habit formation in the real world," *European Journal of Social Psychology* 40, no. 6 (2009): 1002, doi:10.1002/ejsp.674.
3. Helen J. Huang, Rodger Kram, and Alaa A. Ahmed, "Reduction of Metabolic Cost during Motor Learning of Arm Reaching Dynamics," *The Journal of Neuroscience* 32, no. 6 (2012): 2186–2187, doi:10.1523/JNEUROSCI.4003-11.2012.
4. Burrhus F. Skinner, "'Superstition' in the Pidgeon," *Journal of Experimental Psychology* 38, no. 2 (1948), 168–172, doi:10.1037/h0055873.
5. Andrew C. Peck and Mark C. Detweiler, Training Concurrent Multistep Procedural Tasks," *Human Factors* 42, no. 3 (2000): 386–387, doi:10.1518/001872000779698150.
6. Wendy Wood, Jeffrey M. Quinn, and Deborah A. Kashy, "Habits in Everyday Life: Thought, Emotion, and Action," *Journal of Personality and Social Psychology* 83, no. 6 (2002): 1292, doi:10.1037//0022-3514.83.66.1281.
7. Wendy Wood and David T. Neal, "A New Look at Habits and the Habit-Goal Interface," *Psychological Review* 114, no. 4 (2007): 858, doi:10.1037/0033-295X.114.4.843.
8. David T. Neal, Wendy Wood, Phillippa Lally, and Mengju Wu, "Do Habits Depend on Goals? Perceived versus Actual Role of Goals in Habit Performance" (unpublished, Research Gate 2009), 23–28.
9. Richard L. Marsh, Jason L. Hicks, and Thomas W. Hancock, "On the Interaction of Ongoing Cognitive Activity and the Nature of an Event-Based Intention," *Applied Cognitive Psychology* 14, no. 7 (2000): 833–836, doi: 10.1002/acp.769.
10. Bas Verplanken, "Beyond frequency: Habit as mental construct," *British Journal of Social Psychology* 45, no. 3 (2006), 639–656, doi:10.1348/014466605X49122.
11. David Montero, "Utah officials celebrate 100th anniversary of traffic signal," *Salt Lake Tribune*, Oct. 4, 2012, http://

archive.sltrib.com/story.php? ref=/sltrib/politics/55027680-90/1912-green-invention-lake.html.csp

12. See note 7 above.
13. Matthew M. Botvinick and Lauren M. Bylsma, "Distraction and action slips in an everyday task: Evidence for a dynamic representation of task context," *Psychonomic Bulletin & Review* 12, no. 6 (2005): 1014–1015, doi:10.3758/BF03206436.
14. Marketdata Enterprises, "Weight Loss Market Sheds Some Dollars in 2013," Press Release (Feb. 2014), retrieved from: https://www.marketdataenterprises.com/wp-content/uploads/2014/01/Diet-Market-2014-Status-Report.pdf
15. International Health, Racquet & Sportsclub Association, "IHRSA Trend Report" (Jan. 2014), retrieved from: http://www.ihrsa.org/consumerresearch/
16. Maxwell Maltz, *Psycho-Cybernetics* (Englewood Cliffs, NJ: Prentice-Hall, 1960), xiii.
17. See note 2 above.
18. Lee N. Robins, "Vietnam veterans' rapid recovery from heroin addiction: a fluke or normal expectation?" *Addiction* 88, no. 8 (1993): 1041–1054, doi: 10.1111/j.1360-0443.1993.tb02123.x.
19. Dan Ariely, *What makes us feel good about our work?* TED Talk Video, 20:26, October 2012, https://www.ted.com/talks/dan_ariely_what_makes_us_feel_good_about_our_work?language=en
20. Kaitlin Woolley and Ayelet Fishbach, "The Experience Matters More Than You Think: People Value Intrinsic Incentives More Inside Than Outside an Activity," *Journal of Personality and Social Psychology* 109, no. 6, 972, doi: 10.1037/pspa0000035.
21. Charles A. O'Reilly III, "Personality-job fit: Implications for individual attitudes and performance," *Organizational Behavior and Human Performance* 18, no. 1 (1977): 36-46, doi: 10.1016/0030-5073(77)90017-4.

第三章　如何持續練習

1. Tristan Pang, "Quest is fun, be nosey: Tristan Pang at TEDxYouth@Auckland," YouTube video, 8:22, from TEDxYouth@Aukland on October 26, 2013, posted by "TEDxYouth," November 13, 2013, https://www.youtube.com/watch?v=sbMKX4J03nY
2. Tristan Pang, "The Future of Education: but not as you know it," *QUEST IS FUN*, March 4, 2014, accessed August 18, 2017, http://quest-is-fun.org.nz/author/tristan/
3. See note 1 above.
4. Mihály Csíkszentmihályi, *Flow: The Psychology of Optimal Experiences* (New York: Harper and Row, 1990).
5. Mihály Csíkszentmihályi, "Flow, the Secret to Happiness," *TED.com*, 18:55, from TED2004 on February 27, 2004, https://www.ted.com/talks/mihaly_csikszentmihalyi_on_flow?language=en
6. Timoner, "Flow State: How to Cultivate a State of Bliss and Seamless Productivity," *The Blog* (blog), Huffington Post, January 27, 2014, http:// www.huffingtonpost.com/ondi-timoner/flow-genome-project-how-t_b_4652235.html
7. Kenneth Kushner and Jackson Morisawa, *One arrow, One Life: Zen, Archery, Enlightenment* (Singapore: Tuttle Publishing, 2000).
8. Chan Wing-tsit, Chu Ron Guey, Dardess John, Farmer Edward, Hurvitz Leon, Keightley David N., Lynn Richard John, Nivison David S., Queen Sarah, Roth Harold, Schirokauer Conrad, Sivin Nathan, Stevenson Daniel, Verellen Franciscus, Watson Burton, Yampolsky Philip B., Yü Chün-fang, Adler Joseph, Amster Martin, Bielefeldt Carl, Birdwhistell Anne, Birge Bettine, Chan Hok-lam, Ching Julia, Ch'ü T'ung-tsu, Dien Albert, Ebrey Patricia B., Foulk T. Griffith, Gentzler J. Mason, Guarino Marie, Hartman Charles, Hymes Robert, Johnson Wallace, Kelleher Theresa, Kwok Daniel W. Y., Lee Thomas H. C., Shu-hsien Liu, Meskill John T., Orzech Charles D., Owen Stephen, Schipper Kristofer, Smith Joanna Handlin, Smith Kidder, Tanabe George, Tillman Hoyt, Heng-ting Tsai, and Weiming Tu, "THE WAY OF LAOZI AND ZHUANGZI," in *Sources of Chinese Tradition: Volume 1: From Earliest Times to*

1600, eds. Theodore De Bary and Irene Bloom (New York: Columbia University Press, 1999), 103.

9. Mihály Csíkszentmihályi and Olga V. Beattie, "Life Themes: A Theoretical and Empirical Exploration of Their Origins and Effects," *Journal of Humanistic Psychology* 19, no. 1 (1979): 45–63, doi: 10.1177/002216787901900105; Mihály Csíkszentmihályi and Jeremy Hunter, "Happiness in Everyday Life: The Uses of Experience Sampling," *Journal of Happiness Studies* 4, no. 2 (2003): 185–199, doi: 10.1023/A:1024409732742; Mihály Csíkszentmihályi and Judith LeFevre, "Optimal Experience in Work and Leisure," *Journal of Personality and Social Psychology* 56, no. 5 (1989): 815–822, doi: 10.1037/0022-3514.56.5.815; Jeanne Nakamura and Mihály Csíkszentmihályi, "The Construction of Meaning Through Vital Engagement," in *Flourishing: Positive Psychology and the Life Well-Lived*, eds. Corey Keyes and Jonathan Haidt (Washington, District of Columbia: American Psychological Association, 2003), 83–104.

10. Sointu Leikas, Jan-Erik Lönnqvist, and Markku Verkasalo, "Persons, Situations, and Behaviors: Consistency and Variability of Different Behaviors in Four Interpersonal Situations," *Journal of Personality and Social Psychology* 103, no. 6 (2012): 1007–1022, doi: 10.1037/a0030385.

11. Bella M. DePaulo, Amy L. Blank, Gregory W. Swaim, and Joan G. Hairfield, "Expressiveness and Expressive Control," *Personality and Social Psychology Bulletin* 18, no. 3 (1992): 276–285, doi:10.1177/0146167292183003.

12. Sir Francis Galton, "The Measurement of Character," *Fortnightly Review* 42 (1884): 179–185.

13. Michael C. Ashton and Kibeom Lee, "The prediction of Honesty-Humility-related criteria by the HEXACO and Five-Factor Models of personality," *Journal of Research in Personality* 42, no. 5 (2008): 1216–1228, doi: j.jrp.2008.03.006; Michael C. Ashton, Kibeom Lee, Marco Perugini, Piotr Szarota, Reinout E. de Vries, Lisa Di Blas, Kathleen Boies, and Boele De Raad, "A Six-Factor Structure of Personality-Descriptive Adjectives: Solutions from Psycholexical Studies in Seven Languages," *Journal of Personality and Social Psychology* 86, no. 2 (2004): 356–366, doi:10.1037/0022-3514.86.2.356; Raymond B. Cattell, *The Scientific Use of Factor Analysis* (New York:

Plenum Press, 1978); Mark H. Do, Amirali Minbashian, "A meta-analytic examination of the effects of agentic and affiliative aspects of extraversion on leadership outcomes," *The Leadership Quarterly* 25, no. 5 (2014): 1046–1047, doi: 10.1016/j.leaqua.2014.04.004.

14. Stephan Dilchert and Deniz S. Ones, "Assessment Center Dimensions: Individual differences correlates and meta-analytic incremental validity," *International Journal of Selection and Assessment* 17, no. 3 (2009): 260, doi:j.1468-2389.2009.00468.x.
15. Hege Kornør and Hilmar Nordvik, "Personality traits in leadership behavior," *Scandinavian Journal of Psychology* 45, no.1 (2004): 51–52, doi: 10.1111/j.1467-9450.2004.00377.x.
16. See note 14 above.
17. See note 15 above.
18. See note 14 above.
19. Robert B. Kaiser and Joyce Hogan, "Personality, Leader Behavior, and Overdoing It," *Consulting Psychology Journal: Practice and Research* 63, no. 4 (2011): 226–230, doi: 10.1037/a0026795.
20. See note 15 above.
21. See note 15 above.
22. See note 15 above.
23. See note 14 above.
24. José Navarro, Fernando Curioso, Duarte Gomes, Carlos Arrieta, and Maricio Cortés, "Fluctuations in Work Motivation: Tasks do not Matter!" *Nonlinear Dynamics, Psychology, and Life Sciences* 17, no. 1 (2013): 8–15.
25. Shuhua Sun, Jeffrey B. Vancouver, and Justin M. Weinhardt, "Goal choices and planning: Distinct expectancy and value effects in two goal processes," *Organizational Behavior and Human Decision Processes* 125, no. 2 (2014): 224–226, doi: 10.1016/j.obhdp.2014.09.002.

26. Albert Ellis and William J. Knaus, *Overcoming Procrastination* (New York: Institute for Rational Living, 1977); William K. O'Brien, "Applying the Transtheoretical Model to Academic Procrastination" (Doctoral Dissertation, University of Houston, 2002); Timothy J. Potts, "Predicting Procrastination on Academic Tasks with Self-report Personality Measures" (doctoral dissertation, Hofstra University, 1987).
27. Robert M. Klassen, Lindsey L. Krawchuk, and Sukaina Rajani, "Academic procrastination of undergraduates: Low self-efficacy to self-regulate predicts higher levels of procrastination," *Contemporary Educational Psychology* 33, no. 4 (2008): 919–922, doi: 10.1016/j.cedpsych.2007.07.001.
28. Chip Heath and Dan Heath, *Switch: How to Change Things When Change Is Hard* (New York: Crown Business, 2010), 130–131.

第四章　從五分鐘練習到全面的技能訓練

1. Pamela Johnson, "Using Back Chaining to Train Tricks, Dog Sports and Real World Behaviors–Pamela Johnson," YouTube video, 7:04, Tawzer Dog LLC, posted by "Tawzer Dog," September 11, 2015, https://www. youtube.com/watch?v=5vPqMk5Z6J8
2. Fred Spooner, Doreen Spooner, and Gary Ulicny, "Comparisons of Modified Backward Chaining: Backward Chaining with Leap-aheads and Reverse Chaining with Leap-aheads," *Education and Treatment of Children* 9, no. 2 (1986): 123.
3. Charles Duhigg, *The Power of Habit* (New York: Random House, 2012), 108–109.
4. Albert Bandura, *Self-efficacy: The exercise of control* (New York: Freeman, 1997).
5. Chip Heath and Dan Heath, *Switch: How to Change Things When Change Is Hard* (New York: Crown Business, 2010), 130–131.
6. D. R. Godden and A. D. Baddeley, "Context-dependent Memory in Two Natural Environments: On Land and

Underwater," *British Journal of Psychology* 66, no. 3 (1975): 325–331, doi: 10.1111/j.2044-8295.1975.tb01468.x.

7. Timothy D. Ludwig and E. Scott Geller, "Improving the Driving Practices of Pizza Deliverers: Response Generalization and Moderating Effects of Driving History," *Journal of Applied Behavior Analysis* 24, no. 1 (1991): 32–41, doi: 10.1901/jaba.1991.24-31.

8. Jonathan L. Freedman and Scott C. Fraser, "Compliance Without Pressure: The Foot-In-The-Door Technique," *Journal of Personality and Social Psychology* 4, no. 2 (1966): 195–202, doi: 10.1016/0022-1031(74)90053-5.

9. Edwin A. Harris, Edwin F. Burtt, and Harold E. Fleishman,"Leadership and supervision in industry: An evaluation of a supervisory training program," *Bureau of Educational Research Monograph*, no.33 (1955): 58, retrieved from https://babel.hathitrust.org/cgi/pt?id=mdp.39015049029807;view=1up;seq=76

10. C. Shawn Burke, Kevin C. Stagl, Cameron Klein, Gerald F. Goodwin, Eduardo Salas, and Stanley M. Halpin, "What type of leadership behaviors are functional in teams? A meta-analysis," *The Leadership Quarterly* 17, no. 3 (2006): 297–299, doi: 10.1016/j.leaqua.2006.02.007.

第五章　開始領導力習慣訓練

1. Paul W. Atkins and Robert E. Wood, "Self- Versus Others' Ratings as Predictors of Assessment Center Ratings: Validation Evidence for 360-Degree Feedback Programs," *Personnel Psychology* 55, no. 4 (2002):884, doi: 0.1111/j.1744-6570.2002.tb00133.x.

2. Simon Beausaert, Mien Segers, Didier Fouarge, and Wim Gijselaers,"Effect of using a personal development plan on learning and development," *Journal of Workplace Learning* 25, no. 3 (2013): 149–152,doi: 10.1108/13665621311306538.

3. Phillippa Lally, Cornelia H. M. van Jaarsveld, Henry W. W. Potts, and Jane Wardle, "How are habits formed: Modelling habit formation in the real world," *European Journal of Social Psychology* 40, no. 6 (2009):

1002,doi:10.1002/ejsp.674.

4. Robert Hurling, Michael Catt, Marco De Boni, Bruce W. Fairley, Tina Hurst, Peter Murray, Alannah Richardson, and Jaspreet S. Sodhi, "Using Internet and Mobile Phone Technology to Deliver an Automated Physical Activity Program: Randomized Controlled Trial," *Journal of Medical Internet Research* 9, no. 2 (2007): 6–7, doi: 10.2196/jmir.9.2.e7.

第八章　激勵改變

1. William R. Miller and Stephen Rollnick, *Motivational Interviewing: Preparing People for Change*, 2nd ed. (New York: The Guilford Press, 2002), 13–14.
2. John A. Cunningham, Linda C. Sobell, Mark B. Sobell, and Janet Gaskin, "Alcohol and Drug Abusers' Reasons for Seeking Treatment," *Addictive Behaviors* 19, no. 6 (1994): 693, doi: 10.1016/0306-4603(94)90023-X.
3. Heidi M. Levitt, Ze'ev Frankel, Katherine Hiestand, Kimberly Ware, Karen Bretz, Rebecca Kelly, Sarah McGhee, Richard T. Nordtvedt, and Karina Raina, "The Transformational Experience of Insight: A Life-Changing Event," *Journal of Constructivist Psychology* 17, no. 1 (2004): 8,doi: 10.1080/10720530490250660.
4. Ola Svenson, "Are We All Less Risky and More Skillful Than Our Fellow Drivers?" *Acta Psychologica* 47, no. 2 (1981): 145, doi: 10.1016/0001-6918(81)90005-6.
5. Joyce Ehrlinger, Kerri Johnson, Matthew Banner, David Dunning, and Justin Kruger, "Why the Unskilled are Unaware: Further Explorations of (Absent) Self-Insight Among the Incompetent," *Organizational Behavior and Human Decision Making Processes* 105, no. 1 (2008): 105, 134, doi:10.1016/j.obhdp.2007.05.002.
6. Peter H. Ditto and David F. Lopez, "Motivated Skepticism: Use of Differential Decision Criteria for Preferred and Nonpreferred Conclusions," *Journal of Personality and Social Psychology* 63, no. 4 (1992):574–577, doi: 10.1037/0022-3514.63.4.568.

7. Timothy D. Ludwig and E. Scott Geller, "Improving the Driving Practices of Pizza Deliverers: Response Generalization and Moderating Effects of Driving History," *Journal of Applied Behavior Analysis* 24, no. 1(1991): 32–41, doi: 10.1901/jaba.1991.24-31.

8. Jonathan L Freedman and Scott C. Fraser, "Compliance Without Pressure: The Foot-In-The-Door Technique," *Journal of Personality and Social Psychology* 4, no. 2 (1966): 195–202, doi: 10.1016/0022-1031(74)90053-5.

9. Joan F. Brett and Leanne E. Atwater, "360 Feedback: Accuracy, Reactions, and Perceptions of Usefulness," *Journal of Applied Psychology* 86, no. 5 (2001): 934–937, doi: 10.1037//0021-9010.86.5.930.

10. Stephen Rollnick and Jeff Allison, "Motivational Interviewing," in *The Essential Handbook of Treatment and Prevention of Alcohol Problems*, eds. Nick Heather and Tim Stockwell (West Sussex, England: John Wiley & Sons, 2004), 112.

11. Sune Rubak, Annelli Sandbæk, Torsten Lauritzen, and Bo Christensen, "Motivational interviewing: a systematic review and meta-analysis," *British Journal of General Practice* 55, no. 513 (2005): 307–309.

12. Elliot Aronson, Carrie Fried, and Jeff Stone, "Overcoming Denial and Increasing the Intention to Use Condoms through the Induction of Hypocrisy," *American Journal of Public Health* 81, no. 12 (1991): 1636–1637, doi: 10.2105/AJPH.81.12.1636.

13. Jeff Stone, Elliot Aronson, A. Lauren Crain, Matthew P. Winslow, and Carrie B. Fried, "Inducing Hypocrisy as a Means of Encouraging Young Adults to Use Condoms," *Personality and Social Psychology Bulletin* 20, no. 1 (1994): 121, doi: 10.1177/0146167294201012.

第九章　培養領導習慣

1. Carlo C. DiClemente and Mary M. Velasquez, "Motivational Interviewing and the Stages of Change," in *Motivational Interviewing: Preparing People for Change*, 2nd ed., eds. William R. Miller and Stephen Rollnick (New

York: The Guilford Press, 2002), 201.

2. Johannes Thrul, Alexandra B. Klein, and Danielle E. Ramo, "Smoking Cessation Intervention on Facebook: Which Content Generates the Best Engagement?" *Journal of Medical Internet Research* 17, no. 11 (2015): e246–e249, doi: 10.2196/jmir.4575.
3. Rikki K. Wheatley, Richard P. West, Cade T. Charlton, Richard B. Sanders, Tim G. Smith, and Mathew J. Taylor, "Improving Behavior through Differential Reinforcement: A Praise Note System for Elementary School Students," *Education and Treatment of Children* 32, no. 4 (2009): 557–566.
4. Stefanie Ashford, Jemma Edmunds, and David P. French, "What Is the Best Way to Change Self-efficacy to Promote Lifestyle and Recreational Physical Activity? A Systematic Review with Metaanalysis," *British Journal of Health Psychology* 15, no. 2 (2010): 277, doi:10.1348/135910709X461752.
5. See note 4 above.
6. Robert Hurling, Michael Catt, Marco De Boni, Bruce W. Fairley, Tina Hurst, Peter Murray, Alannah Richardson, and Jaspreet S. Sodhi, "Using Internet and Mobile Phone Technology to Deliver an Automated Physical Activity Program: Randomized Controlled Trial," *Journal of Medical Internet Research* 9, no. 2 (2007): 6–7, doi: 10.2196/jmir.9.2.e7.
7. See note 4 above.
8. See note 4 above.
9. Phillippa Lally, Cornelia H. M. van Jaarsveld, Henry W. W. Potts, and Jane Wardle, "How are habits formed: Modelling habit formation in the real world," *European Journal of Social Psychology* 40, no. 6 (2009): 1002, doi:10.1002/ejsp.674.
10. See note 9 above.

領導者習慣（二版）：
每天刻意練習5分鐘，建立你的關鍵習慣，學會22種領導核心技能
THE LEADER HABIT: MASTER THE SKILLS YOU NEED TO LEAD IN JUST MINUTES A DAY

作　　者　馬丁・拉尼克（Martin Lanik）
譯　　者　王新玲
責任編輯　夏于翔
協力編輯　王彥萍
內頁構成　李秀菊
封面美術　兒日

發 行 人　蘇拾平
總 編 輯　蘇拾平
副總編輯　王辰元
資深主編　夏于翔
主　　編　李明瑾
業務發行　王綬晨、邱紹溢、劉文雅
行銷企畫　廖倚萱
出　　版　日出出版
地址：231030新北市新店區北新路三段207-3號5樓
電話：02-8913-1005　傳真：02-8913-1056
網址：www.sunrisepress.com.tw
E-mail信箱：sunrisepress@andbooks.com.tw

發　　行　大雁出版基地
地址：231030新北市新店區北新路三段207-3號5樓
電話：02-8913-1005　傳真：02-8913-1056
讀者服務信箱：andbooks@andbooks.com.tw
劃撥帳號：19983379　戶名：大雁文化事業股份有限公司

印　　刷　中原造像股份有限公司
二版一刷　2023年11月
定　　價　480元
I S B N　978-626-7382-17-2

國家圖書館出版品預行編目（CIP）資料

領導者習慣：每天刻意練習5分鐘，建立你的關鍵習慣，學會22種領導核心技能／馬丁・拉尼克（Martin Lanik）著；王新玲譯.
-- 二版. -- 新北市：日出出版：大雁文化發行, 2023.11
320面；15×21公分
譯自：THE LEADER HABIT: MASTER THE SKILLS YOU NEED TO LEAD IN JUST MINUTES A DAY.
ISBN 978-626-7382-17-2（平裝）
1.CST: 領導者 2.CST: 企業領導 3.CST: 職場成功法
494.21　　112017505